畜禽饲养与疾病诊断

徐新红 郭 杰 李等奎 著

吉林科学技术出版社

图书在版编目（CIP）数据

畜禽饲养与疾病诊断 / 徐新红，郭杰，李等奎著.
-- 长春：吉林科学技术出版社，2021.6
ISBN 978-7-5578-8151-1

Ⅰ．①畜… Ⅱ．①徐… ②郭… ③李… Ⅲ．①畜禽-饲养管理②畜禽-动物疾病-诊断 Ⅳ．① S815 ② S858

中国版本图书馆 CIP 数据核字（2021）第 106673 号

畜禽饲养与疾病诊断
CHU QIN SIYANG YU JIBING ZHENDUAN

著		徐新红 郭 杰 李等奎
出 版 人		宛 霞
责任编辑		孟 盟
封面设计		舒小波
制 版		舒小波
幅面尺寸		185 mm×260 mm
开 本		16
印 张		12.5
字 数		280 千字
页 数		200
印 数		1-1500 册
版 次		2021 年 6 月第 1 版
印 次		2022 年 1 月第 2 次印刷
出 版		吉林科学技术出版社
发 行		吉林科学技术出版社
地 址		长春市净月区福祉大路 5788 号
邮 编		130118
发行部电话 / 传真		0431-81629529　81629530　81629531
		81629532　81629533　81629534
储运部电话		0431-86059116
编辑部电话		0431-81629518
印 刷		保定市铭泰达印刷有限公司
书 号		ISBN 978-7-5578-8151-1
定 价		50.00 元

版权所有　翻印必究　举报电话：0431-81629508

前言
PREFACE

  畜禽养殖业是指利用畜禽等已经被人类驯化的动物，通过人工饲养、繁殖，使其将牧草和饲料等植物能转变为动物能，以取得禽、畜肉、蛋、奶、羊毛、羊绒等畜禽产品的生产部门。畜禽养殖具有经济成本低、饲养周期短等优势，且养殖后可在短期内得到回报，加之近年政府对畜禽养殖业的大力度扶持，故近年畜禽养殖业得到迅速发展。

  近年我国畜禽养殖业在政府大力扶持下得到迅速发展，不仅在一定程度上提升了畜禽生产能力，还推动我国经济的发展，导致部分养殖人员为了提高产量选择进行高密度养殖，在一定程度上增加了畜禽疾病发生率。当前畜禽疾病成为限制畜禽养殖业发展的首要问题，一旦未得到有效解决不仅会引起畜禽大量死亡，还可危及养殖人员安全，《畜禽饲养与疾病诊断》一书就畜禽饲养管理重点内容、疾病防治技术进行分析，为我国畜禽养殖人员提供参考。

编者
2021.3

目录
CONTENTS

第一章 猪的饲养 ·· 1

 第一节 猪的生物学特性 ··· 1

 第二节 猪的生理特点 ·· 3

 第三节 猪的经济类型及品种 ··································· 8

 第四节 猪的一般饲养管理 ····································· 10

 第五节 种猪生产与仔猪的培育 ······························ 11

 第六节 肥育猪生产与猪场建设 ······························ 19

 第七节 提高商品肥育猪的出栏率 ··························· 23

第二章 鸡的饲养 ·· 25

 第一节 鸡的生物学特性及品种 ······························ 25

 第二节 鸡的人工授精及人工孵化 ··························· 27

 第三节 蛋鸡的饲养管理 ······································· 28

 第四节 肉鸡的饲养管理 ······································· 32

 第五节 鸡场建设 ·· 34

第三章 羊的饲养 ··37

第一节 羊的品种 ··37

第二节 羊舍的规划布局与建设 ···43

第三节 羊舍的设计与建设 ···44

第四节 羊场配套设施建设（规模养羊必备） ······························45

第五节 羊的选种与选配 ··50

第六节 羊的饲养管理 ···55

第四章 肉牛的饲养 ···58

第一节 肉牛的饲料与调制技术 ···58

第二节 肉牛的饲养管理与育肥技术 ···66

第五章 奶牛的饲养 ···72

第一节 奶牛饲料的分类与配制 ···72

第二节 奶牛的饲养管理 ··75

第六章 畜禽外科疾病诊断 ··90

第一节 外科感染诊断 ···90

第二节 牙齿疾病诊断 ···95

第三节 头颈部疾病诊断 ··97

第四节 直肠、肛门及泌尿系统疾病诊断 ·····································99

第七章 畜禽内科病诊断 ···101

第一节 消化系统疾病诊断 ···101

第二节 呼吸系统疾病诊断 ···104

第三节 泌尿系统疾病诊断 ···108

第四节 内分泌系统疾病诊断 ··111

第五节 免疫系统疾病诊断 ···113

第八章　畜禽寄生虫诊断 ... 116

第一节　病原学诊断技术 ... 116
第二节　寄生虫剖检技术 ... 120
第三节　寄生虫动物接种试验 ... 124
第四节　寄生虫免疫学诊断技术 ... 126
第五节　分子生物学诊断技术 ... 130

第九章　畜禽传染病诊断 ... 136

第一节　牛羊主要传染病诊断 ... 136
第二节　猪的主要传染病诊断 ... 140
第三节　禽类主要传染病诊断 ... 158

第十章　畜禽生殖系统疾病诊断 ... 165

第一节　怀孕期疾病诊断 ... 165
第二节　分娩期疾病诊断 ... 170
第三节　母畜科疾病诊断 ... 173
第四节　公畜科疾病诊断 ... 178
第五节　家禽主要产科病诊断 ... 182

参考文献 ... 187

第一章 猪的饲养

第一节 猪的生物学特性

家猪是由野猪驯化而来的,在猪的驯化与进化过程中形成了各种各样的生物学特性。不同的猪种既有种属的共性,又有各自的特性。在养猪生产实践中,要不断地认识和掌握猪的生物学特性,并按适当的条件加以充分的利用和改造,以便获得较好的饲养和繁育效果,达到高产、高效、优质的目的。

一、繁殖率高,世代间隔短

猪的性成熟早,妊娠期、哺乳期短,因而世代间隔比牛、马、羊都短,一般1.5~2.0年一个世代,如果采用头胎母猪留种,可缩短至一年一个世代。一般4~5月龄达到性成熟。6~8月龄就可以初配,经过114d左右的妊娠期,1岁或更短的时间就可以第一次产仔。我国优良地方猪种性成熟时间较早,3月龄时公猪开始产生精子,母猪开始发育排卵,产仔月龄亦可随之提前,太湖猪有7月龄产仔分娩的。

猪是常年发情的多胎高产动物,在正常饲养管理条件下,猪一年能分娩两胎,若缩短哺育期,母猪进行激素处理,两年可达到五胎。初产母猪一般产仔8头左右,第二胎可产10~12头,第三胎以上可达12头以上,个别的可达20头以上。但这还远远没有发挥猪的繁殖潜力,据研究,母猪卵巢中有卵原细胞11万多个,繁殖利用年限内仅排卵400多个,每个发情期排卵20个左右。而公猪每次射精量可达200~500mL,其有效精子数高达200~1000亿。实验证明,通过外激素处理,可使母猪在一个发情期内排卵30~40个,甚至多达80个。因此,进一步提高猪的繁殖性能是可行的。

二、生长周期短、发育迅速,沉积脂肪能力强

猪由于妊娠期较短,同胎仔数又多,故出生时发育不充分,头占全身的比例大,四肢不健壮,初生体重小,平均只有1.0~1.5kg,约占成年体重的1%,各系统器官发育不完善,对外界环境的适应能力差。为了补偿妊娠期内发育不足,仔猪生后的头两个月生长速度特

别快。一月龄体重为初生重的5~6倍，二月龄体重为一月龄体重的2~3倍，所以在出生至两月龄期间仔猪的发育迅速，各系统、器官日趋发育完善，能很快适应生后的外界环境。在满足其营养需求的条件下，一般160~170d体重可达到90kg左右，即可出栏上市，相当于初生重的90~100倍。

猪生长初期，骨骼生长强度最大；生长中期，肌肉生长强度最大；而生长后期，脂肪组织生长强度最大。猪将饲料转化为体脂的能力较强，是阉牛的1.5倍左右。猪生长周期短、生长发育迅速、周转快等优越的生物学特性和经济学特点，对养猪经营者降低成本、提高经济效益十分有益。

三、食性广、饲料转化率高

猪是杂食动物，门齿、犬齿和臼齿都很发达，胃是介于肉食动物的简单胃与反刍动物的复杂胃的中间类型，因而能充分利用各种动植物和矿物质饲料。猪自由采食是有选择性的，能辨别口味，特别喜爱甜食。

猪对饲料的消化率仅次于鸡，而高于牛、羊。猪对精料有机物的消化率为76.7%，也能较好地消化青粗饲料，对青草和优质干草的有机物消化率分别达到64.6%和51.2%。猪虽耐粗饲，但是对粗饲料中粗纤维的消化较差，且饲料中粗纤维含量越高对日粮的消化率也就越低。由于猪既没有反刍家畜牛、羊的瘤胃，也无马、驴发达的盲肠，猪对粗纤维的分解几乎全靠大肠内微生物，所以，在猪的饲养中应注意精、粗饲料的适当比例，控制粗纤维在日粮中所占的比例，保证日粮的全价性和易消化性。

四、不耐热

一方面成年猪汗腺退化，皮下脂肪层较厚，散热难；另一方面猪只被毛少，表皮层较薄，对日光紫外线的防护力差。这些生理上的特点，使猪相对不耐热。成年猪适宜温度为20~23℃，仔猪的适宜温度为22~32℃。当环境温度不适宜时，猪表现出热调节行为，以适应环境温度。当环境温度过高时，为了有利于散热，猪在躺卧时会将四肢张开，充分伸展躯体，呼吸加快或张口喘气；当温度过低时，猪则蜷缩身体，最小限度地暴露体表，站立时表现夹尾、曲背、四肢紧收，采食时也表现为紧凑姿势。

五、嗅觉和听觉灵敏、视觉不发达

猪的鼻子具有特殊的结构，嗅区广阔，嗅黏膜的绒毛面积很大，分布在嗅区的嗅神经非常密集。因此，猪的嗅觉非常灵敏，能辨别各种气味。据测定，猪对气味的识别能力高于狗数倍，比人高7~8倍。仔猪在生后几小时便能鉴别气味，依靠嗅觉寻找乳头，在三天内就能固定乳头；猪依靠嗅觉能有效地寻找埋藏在地下很深的食物，凭着灵敏的嗅觉，识别群内的个体、自己的圈舍和卧位，保持群体之间、母仔之间的密切联系；对混入本群的他群个体能很快认出,并加以驱赶,甚至咬伤;嗅觉在公母性联系中也起很大作用,例如公猪能敏锐闻到发情母猪的气味,即使距离很远也能准确地辨别出母猪所在方位。

猪的耳朵大,外耳腔深而广,听觉相当发达,即使很微弱的声响,都能敏锐地觉察到。另外,猪的头转动灵活,可以迅速判断声源方向,能辨声音的强度、音调和节律,对各种口令和声音刺激物的调教可以很快地建立条件反射。仔猪生后几小时,就对声音有反应,到 3-4 月龄时就能很快地辨别出不同声音刺激物。猪对意外声响特别敏感,尤其是与吃喝有关的声音更为敏感。在现代化养猪场,为了避免由于喂料音响所引起的猪群骚动,常采取一次全群同时给料装置。猪对危险信息特别警觉,睡眠中一旦有意外响声,就立即苏醒,站立警备,因此为了保持猪群安静,尽量避免突然的音响,以免影响其生长发育。

猪的视觉很弱,缺乏精确的辨别能力,视距、视野范围小,不靠近物体就看不见。对光刺激一般比声音刺激出现条件反射慢得多,对光的强弱和物体形态的分辨能力也弱,辨色能力也差。人们常利用猪这一特点,用假母猪进行公猪采精训练。

猪对痛觉刺激特别容易形成条件反射,可适当用于调教。例如,利用电围栏放牧,猪受到一、二次微电击后,就再也不敢接触围栏了。猪的鼻端对痛觉特别敏感,利用这一点,用铁丝、铁链捆紧猪的鼻端,可固定猪只,便于打针、抽血等。

六、定居漫游、群体位次明显、爱好清洁

猪具有合群性,习惯于成群活动、居住和睡卧。结队是一种突出的交往活动,群体内个体间表现出身体接触和保持听觉的信息传递,彼此能和睦相处。但也有竞争习性,大欺小、强欺弱;群体越大,这种现象越明显。生产中见到的争斗行为主要是为争夺群体内等级、争夺地盘和争食。在猪群内,不论群体大小,都会按体质强弱建立明显的位次关系,体质好、"战斗力强"的排在前面,稍弱的排在后面,依次形成固定的位次关系。

猪不在吃、睡的地方排泄粪尿,喜欢在墙角、潮湿、蔽荫、有粪便气味处排泄。因此可以调教仔猪学吃饲料和定点排泄。若猪群过大,或围栏过小,猪的上述习惯就会被破坏。

第二节 猪的生理特点

一、猪的消化特点

1. 猪的消化道结构特点

猪是杂食动物,其消化道结构同单胃动物,但它不同于马属家畜,盲肠不发达,也称盲肠无功能家畜。猪的上唇短而厚,与鼻连在一起构成坚强的吻突(即鼻吻),能掘地觅食;

猪的下唇尖小，活动性不大，但口裂很大，牙齿和舌尖露到外面及可采食。猪具有发达的犬齿和臼齿，靠下颌的上下运动，将坚硬的食物嚼碎。猪的唾液腺发达，能分泌较多的含淀粉的唾液，淀粉酶的活性鼻马、牛强14倍。唾液除能浸润饲料便于吞咽外，还能将少量的淀粉转化为可溶性糖。猪舌长而尖薄，主要由横纹肌组成，表面有一层黏膜，上面形成有不规则的舌乳头，大部分的舌乳头有味蕾，能辨别口味。食物经消化道很快进入胃。猪胃的容积越7~8L，介于肉食动物的简单胃与反刍动物的复杂胃之间的中间类型，胃有消化腺，不断分泌含有消化酶与盐酸的胃液，分解蛋白质和少量脂肪。食物经胃中消化，变成流体或半流体的食糜。食糜随着胃的收缩运动逐渐移向小肠。猪的小肠很长，达18m左右，是体长的15倍，容量约为19L。小肠内有肠液分泌，并含有胰腺分泌的胰液和胆囊排出的胆汁，食糜中营养物质在消化酶的作用下进一步消化。随着小肠的蠕动，剩余食糜进入大肠。猪的大肠约为4.6~5.8m，包括盲肠和结肠两部分。猪的盲肠很小，几乎没有任何功能，只是结肠微生物对纤维素有一定的消化作用，大肠内未被消化和吸收的物质，逐渐浓缩成粪从肛门排出体外。

2. 猪的消化生理特点

（1）胃的消化

胃壁黏膜的主细胞分泌蛋白酶、凝乳酶、脂肪酶，壁细胞分泌盐酸。饲料的蛋白质经胃蛋白酶分解为蛋白和蛋白胨，脂类在胃脂酶的作用下产生一酸甘油酯和和短链脂肪酸。胃液中不含消化糖类的酶，对糖类没有消化作用。

（2）小肠内的消化吸收

小肠是猪消化吸收的主要部位，几乎所有消化过程都是在小肠中进行。糖类在胰淀粉酶、乳糖酶、麦芽糖酶、葡萄糖淀粉酶的作用下分解为葡萄糖被吸收。胃中为被分解的蛋白质经胰蛋白酶继续分解为蛋白表和蛋白胨，再经肠蛋白酶分解为氨基酸，经肠壁吸收，进入血液。脂类在胆汁、胰脂肪酶和肠脂肪酶作用下，分解为脂肪酸和甘油被吸收。

（3）大肠内的消化

进入大肠的物质，主要是未被消化的纤维素以及少量的蛋白质。大肠黏膜分泌的消化液含消化酶很少，其消化作用主要靠随食糜来的小肠消化液和大肠微生物作用。蛋白质受大肠微生物作用分解为氨基酸和氨，并转化为菌体蛋白，但不再被吸收。纤维素在胃和小肠中不发生消化作用，在结肠内由微生物分解成挥发性脂肪酸和二氧化碳，前者被吸收，后者经氢化变为甲烷由肠道排出，猪大肠的主要功能是吸收水分。猪大肠对纤维的消化作用既比不上反刍家畜的单胃，也不如马、驴发达的盲肠。因此，猪对粗纤维的消化利用率较差，而且日粮中粗纤维的含量越高，猪对日粮的消化率也就越低。猪、牛、马的采食量、消化速度和日粮中粗纤维含量与日粮消化率的比较见下表1-1和表1-2。

表1-1　猪、牛、马采食量和消化速度比较

项目	猪	牛	马
每100kg体重的干物质需要量（kg）	4.5	2.5	2.0
饲料通过消化道时间（h）	30~36	168~192	72~96

表1-2　日粮中粗纤维含量与日粮消化率的关系

粗纤维含量（%）	猪	牛	马
10.1~15.0	68.9	76.3	81.2
15.1~20.0	65.8	73.3	74.4
20.1~25.0	56.0	72.4	68.6
25.1~30.0	44.5	66.1	62.3
30.0~35.0	37.3	61.0	56.0

二、猪的营养特点

1. 乳猪营养特点

初生仔猪因其营养物摄取途径由胎盘转变为肠，所以在功能方面会发生巨大的变化。肠细胞的形态、功能完全不同于出生时的细胞。新生仔猪的消化道因为分泌消化酶的能力低，只适应于消化母乳中简单的脂肪、蛋白质和碳水化合物，利用饲料中复杂分子的能力则还有待于发育，因此仔猪断奶直接饲喂全价饲料容易引起生长受阻和营养性腹泻。引起腹泻的机理是这样的：由于消化不完全，会有大量较易发酵的碳水化合物到达大肠，大肠中的微生物就会因有了这些丰富的营养而大量繁殖。微生物发酵的产物中有大量挥发性脂肪酸和其他渗透活性物质，这就会打破大肠腔内的物质和细胞内物质之间的渗透平衡，水分就会穿过细胞进入肠腔而增高粪便中的水分含量，于是通常就出现下痢。日粮配合时为了减少腹泻的发生，往往使用一些易消化的饲料，如乳清粉、脱脂奶粉、喷雾干燥血浆粉、熟化大豆等，同时还添加酸化剂、诱食剂等其他成分。一般来说，2周龄内断奶仔猪对乳蛋白饲料的利用率高于以大豆蛋白为主的饲料利用率。虽然该时期已开始分泌大部分消化酶，但是胰液分泌尚不足，胰液的作用于8周龄仔猪开始适应大豆蛋白。胃蛋白酶、胰蛋白酶及胰凝乳蛋白酶的活性到3周龄时还不能正常发挥其功能，但断奶可使这些酶的活性增加。胃黏膜及胰腺组织内的蛋白分解酶除了4周龄以后的几天外与生长性能没有直接关系，消化能力和生长性能主要与胃肠管内酶的分泌有关。与哺乳仔猪相比，早期断奶仔猪消化器官重量及组织内酶含量会更加提高。

2. 母猪营养特点

繁殖母猪的营养需要因体重、妊娠、分娩胎次、哺乳、温度及环境条件的变化而不同，所以必须根据繁殖母猪在维持、生长、妊娠、哺乳等因素用拆因法进行分析，确定其营养需要。营养是影响繁殖效率的首要因素，只有全面深入地了解母猪特定营养需要，建立成

功的战略，才能获得最佳的生产性能。母猪的营养概括起来就是"低妊娠高泌乳"。怀孕母猪由于母体效应均有过量采食的倾向，因而变得较肥，因此妊娠期需要控制其能量摄入。能量摄入不足或过量都会产生明显的不良效果。不足往往会分娩出小而弱的仔猪，过量则会导致肥胖而易患难产症、奶水不足、仔猪压死增加、母猪断奶后受孕率下降。怀孕母猪日粮粗蛋白水平过高的危害超过不足，一般认为含量为12%比较适宜，过高则会使哺乳母猪泌乳减少。母猪泌乳期间的体重损失往往依靠怀孕期内弥补，这个过程的营养利用效率低，而且影响繁殖性能，正确的做法是日粮中提供必需而充足的营养，使哺乳期间母猪的体重损失降至最低。为了充分发挥猪的遗传潜力，必须调节好日粮营养水平，以达到改善生产性能、减少环境污染的目的。蛋白质的营养主要表现在氨基酸组成（关键是必需氨基酸组成），而不是蛋白质含量多少，即日粮必需氨基酸含量不足时，蛋白质的合成指数会下降。所以，必须通过日粮提供体内不能合成的必需氨基酸，同时为了合成非必需氨基酸，应按一定比例提供含氮化合物及能量饲料。

三、猪的各方面营养需求

1. 蛋白质

能更新动物体组织和修补被损坏的组织，可组成体内的各种活性酶、激素、体液和抗体等。缺乏蛋白质，动物产品生产量下降，或生长受阻。易导致贫血，降低抗体在血液中的含量，损害血液的健康和降低动物的抗病力。可造成繁殖障碍，出现发情不正常，妊娠期出现死胎，仔猪生后体弱，生命力不强，使母猪产后泌乳力变差，甚至无奶，使公猪精液质量下降。

2. 脂肪

脂肪在猪体内的主要功能是氧化供能。除供能外，多余部分可蓄积在猪体内。此外，脂肪还是脂溶性维生家和某些激素的溶剂，饲料中含一定量的脂肪时有助于这些物质的吸收和利用。脂肪同碳水化合物一样，在猪体内的主要功能是氧化供能脂肪的能值很高，所提供的能量是同等重量碳水化合物的两倍以上。脂肪还是脂溶性维生素和某些激素的溶剂，饲料中含一定量的脂有助于这些物质的吸收和利用。

（1）脂肪的化学组织结构

脂肪主要由脂肪酸和甘油组成。饲料中脂肪是指在饲料分析时，所有能够用乙醚剔除的物质，除脂肪外还包括类脂化合物、色素等，因此称为粗脂肪或醚浸出物。脂肪酸又可分为饱和脂肪酸和不饱和脂肪酸，一般植物性脂肪含不饱和脂肪酸，而动物性脂肪主要含饱和脂肪酸。含不饱和脂肪酸的脂肪常成液体状态，含饱和脂肪酸的脂肪呈凝结状态。

（2）脂肪的营养作用

1）脂肪是热能来源的重要原料：饲料中的脂肪被吸收经氧化可产生能量，供机体生命活动需要。脂肪的产热效率是同量碳水化合物的 2.25 倍。当饲料中供给的能量不足时，猪体内所贮存的脂肪就要被动用。在一般情况下，猪体主要从饲料中的碳水化合物获得能量。

2）脂肪是猪体组织细胞的重要组成部分，猪体内的神经、肌肉、骨骼、血液、皮肤等组织均含有脂肪，各种组织的细胞膜都是由蛋白质和脂肪组成的。

3）脂肪是必须脂肪酸的来源：亚油酸、亚麻油酸和花生油酸在猪体内不能合成，且对幼龄猪的生长发育非常重要，必须由饲料供给，这类脂肪酸叫作必需脂肪酸。猪对脂肪的需要量很少，一般不会缺乏，只有当日粮中的脂肪含量低到 0.06% 时，才会出现皮肤发炎、脱毛、甲状腺肿大等症状。猪饲料中的脂肪含量一般保持到 1%~5% 就可以了。

4）脂肪是脂溶性纤维和激素的载体：饲料中纤维素 A、D、E 和 K 被采食后，只有溶解在脂肪中，才能被猪消化吸收利用。同时，一些生殖激素如雌素酮、睾丸素酮等必须有脂肪参与才能发挥作用。

5）猪体内的脂肪是一种很好的绝缘物质：皮下脂肪可以防止猪体内的热量损失。脂肪在禾谷类籽实中越含 1%~5%，饼粕中约含 5%~7%，秸秆中约含 1%~4%，一般配合饲料完全能满足猪对脂肪的需要，不必要考虑补加。早期断奶的仔猪饲喂人工代乳品时，容易患脂肪酸缺乏症，应适当添加脂肪，一般以 5% 为宜。

（3）碳水化合物

饲料中的碳水化合物由无氮浸出物和粗纤维两部分组成。无氮浸出物的主要成分是淀粉，也有少量的简单糖类。无氮浸出物易消化，是植物性饲料中产生热能的主要物质。粗纤维包括纤维素、半纤维素和木质素，总的来说难于消化，过多时还会影响饲料中其他养分的消化率，故猪饲料中粗纤维含量不宜过高。当然，适量的粗纤维在猪的饲养中还是必要的，除能提供部分能量外，还能促进胃肠蠕动，有利于消化和排泄以及具有填充作用，使猪具有饱感。

（4）生素

维生素是饲料所含的一类微量营养物质，在猪体内既不参与组织和器官的构成，又不氧化供能，但它们却是机体代谢过程式中不可缺少的物质。维生素分为脂溶性和水溶性两大类，脂溶性维生素包括维生素 A、D、E、K；水溶性维生素包括维生素 C、B_1、B_{12}、B_2 和其他酸性维生素。日粮中缺乏某种维生素时，猪会表现出独特的缺乏症状。

（5）质

矿物质可为猪提供生长发育所需要的各种常量和微量元素。如骨粉、石粉、蛋壳粉和蛎粉、磷酸钙和磷酸氢钙等。其主要作用：构成骨骼、牙齿、多种酶、蛋白质、器官、血液的成分，使肌肉和神经发挥功能，维持机体代谢过程，维持渗透平衡。

（6）水

水是畜体的重要物质，饲料的消化与吸收，营养的运输、代谢和粪尿的排出，生长繁殖、泌乳等过程，都必须有水的参与。水能保持生理调节和调节渗透压，也保持细胞的正常形态。因此，在畜禽生命活动和生产时都离不开水的供应。

第三节 猪的经济类型及品种

一、供猪场家的选择

引进种猪关系到猪场以后的发展，引进生产性能好，健康水平高的种猪，也就是通常所说的好猪能为以后的发展打下良好的基础，反之，可能带来很大麻烦。因此，需要谨慎选择引种猪场，通常注意以下几个方面。

1. 供种场家具备种猪生产经营资质

供种场家应具有相应政府主管部门核发的种畜禽生产经营许可证，当地兽医卫生监督检验所核发的兽医卫生合格证，当地工商部门核发的营业执照，并且在有效期内。目前的种猪场有的是农业农村部核发畜禽生产经营许可证，有的是省级畜牧行政主管部门核发。

2. 供种场家要有足够的规模

有规模的种猪家一般选种育种，饲养管理，兽医防疫等比较规模，技术先进，种猪质量比较可靠，有较好技术服务人员，可以提供种猪完整的资料供常考，可以帮助您提高饲养管理水平，因此，引进种猪尽可能不要图便宜，到规模很小，不具有生产经营许可证的种猪购买种猪。

3. 供种场家要有较好的信誉

信誉好的场家可以协助到理想的种猪，一旦发生纠纷时比较容易解决，在鉴定供种场家的信誉时，对其广告和专家推荐意见要有正确的认识。

二、引进种猪的分类和使用

1. 引进种猪的分类

引进种猪基本分为，单品种种猪或配套系种猪，单品种种猪分为纯种猪，二元杂交猪；配套系种猪分为原种代和父母代。

（1）纯种猪

即纯品种猪，包括地方种猪，如民猪、太湖猪、淮猪；选育猪种，如三江白猪、湖北白猪、上海猪、苏太猪；引进猪种，主要指国外引进的种猪，如长白猪，大白猪，杜洛克猪、皮特兰猪等。

（2）二元杂交猪

主要是引进猪种的2个纯种猪杂交生产并选育的种猪，通常是用来生产三元杂交商品猪的母本种猪。

（3）原种猪

属于配套种猪，是配套体系中最上端的种猪，是终端商品猪的来源猪种；在配套系猪的体系中只有原种才可以繁殖，原种的另一个用途就是用来生产祖代种猪，是祖代猪种的唯一来源。

（4）祖代猪

属于配套系种猪，仅来源与该配套系的原种在祖代种猪中，只有某专门化品系单性别的种猪。

（5）父母代猪

属于配套系种猪，仅来源于该配套系的祖代，父母代种猪仅用来生产商品猪，配套系种猪公司通常仅推广这个代次的种猪。

2. 引进种猪的使用

（1）引进种猪直接用来繁殖扩群。

（2）引进种猪用来改良原有的种猪群的生产性能。

（3）引进种猪用来开展杂交生产。

3. 引进种猪的选择

优秀的猪种都是经过严格选育形成的，具有某些特定的性能，适应不同的需求，因此，引进种猪需要考虑以下因素，根据市场需求和生产条件选择种猪：

（1）目标市场的需要。

（2）当地自然情况和已有的饲养管理条件。

（3）经济实力。

三、根据品种特征特性和生产性能选择种猪

1. 体型外貌选择

在选择体型外貌时首先应该有一个统一，协调整体观念，不要特别偏于某一方面而过度选择。另一个特别重要的就是四肢要健壮结实，端正。这样就会减少淘汰率，在选体型外貌时，常常遇到毛色问题，毛色遗传比较复杂，在选猪时猪群中杂毛比例大，表明选育程度差一些，尽管在选猪标准允许存在小的黑斑，但还是要仔细选择。

2. 健康选择

对健康状况的考察，首先应该考察猪场的卫生制度是否健全，猪场是否管理的井井有

条，猪场主要疫病的免疫制度，仔细检查备选猪的健康状况。

3. 生产性能选择

选择优秀的生产性能很重要，一般比较正规的种猪场都开展猪的性能测定，可以通过其父母生产性能的测定成绩对种猪进行选择。

4. 引种时的法律法规

（1）按照经济合同的要求签订种猪购销合同。

（2）按照动物防疫法和检疫管理办法的要求进行种猪检疫开具检疫证书。

5. 种猪的运输

选好的种猪要及时运输，以便尽快发挥作用，运输种猪的车辆要有足够的面积，运输之前要按规定将车辆彻底消毒，车上最后铺上清洁的垫草或锯末，如果运输的数量多，运输距离长，车厢该分成若干小栏。运输路线应尽量选择宽敞并远离村庄的道路。人尽可能不休息，根据情况，发现异常，及时处理。

6. 引进种猪

入场前期的隔离饲养引进的新种猪，无论曾经做过怎样的检疫，在入群之前需要进行一段时间的隔离观察饲养，观察新引进的种猪是否有异常表现，甚至再次进行必要的实验室检验。

第四节　猪的一般饲养管理

饲养是养猪过程中的一个重要环节，尤其是在育肥期间，饲养的好坏直接关系到养殖效益的高低。因此，对于养猪户而言，必须要根据猪的品种、所处生长环境以及生长发育规律，采用科学合理的饲养管理方法，来增加猪的日增重及缩短肥育周期。

一、日粮搭配

日粮的搭配要求营养均衡，而且要保证其浓度的平衡，使猪只发挥出自身的生产性能，提高饲料的利用率。一般在搭配过程中，除了要注意钙和磷的平衡外，各种氨基酸之间也要保持平衡，因为过量的氨基酸在动物体内会被氧化分解，抑制动物的饲料摄入量，并增加能量消耗。

二、饲料调制

目前饲喂生猪的饲料原料为能量饲料、蛋白质饲料、矿物质饲料以及维生素类饲料等。

一般使用最多的饲料主要有玉米、豆粕、麸皮、骨粉还有一些饲料添加剂等。在调制饲料时，最好能满足各阶段猪的营养需求，同时注意饲料的适口性，以提高采食量。做到因地制宜选择饲料。

三、饲喂次数

各个年龄阶段的猪，它们的生长需求不同，肠胃消化能力也不同。所以，在给猪饲喂之时，也要根据猪的种类，阶段进行饲喂。对于生长育肥猪而言，猪群的食欲以傍晚最盛，早晨次之，午间最弱，这种现象在夏季更趋明显，所以饲养员对生长育肥猪可日喂2次，在早晨上班、下午下班时进行。

四、充足的饮水

猪场在选择水源方面要确保清洁少杂质，平时多注意巡查饮水器的使用状态，发现有损坏等问题后及时修理更换，以免影响猪群的正常饮水。饮水要求：育肥猪日需水量9-12L；生长猪日需水量5~7L；保育猪日需水量3~5L等。

五、猪舍卫生管理

定期清除猪舍内被污染的饲料、垫草和粪便等，在猪躺卧处铺干燥的垫草，并定期对猪舍进行消毒；保障猪舍清洁干净，营造良好的饲养环境，尽快让猪养成采食、卧睡和排泄定点的习惯。此外，还要加强对氨气、二氧化碳和硫化氢等有毒有害气体的监控。

饲养管理作为生猪养殖的基础，各养殖户们应该要熟练掌握，简单来说只有喂的好，猪群才能获得最佳的经济效益。而在平时的饲养管理过程中，也要重点考虑到饲料的特性以及质量，并进行科学的配制。

第五节 种猪生产与仔猪的培育

一、怀孕母猪及哺乳母猪的饲养管理

母猪配种21d后不再发情，可确定为妊娠，在母猪怀孕期114d以及分娩、哺乳过程中，应精心饲养管理。

（1）单独饲喂，避免群饲时母猪打斗和剧烈运动造成流产。

（2）限饲。母猪过肥或过瘦均不利于繁殖性能的维持和提高。怀孕前期（1~84d），初配母猪每天应按1.8~2.2kg给料，经产母猪按1.5~1.8kg给料；怀孕后期（85~114d），

胚胎发育迅速,应按 2.7~3.0kg 给料。如能在怀孕后期饲喂浓缩精料加入精食配成的全价料,能明显提高仔猪初生窝重,同时有效地预防母猪产后瘫痪,迅速恢复体质。

（3）产前 20d（怀孕后 94d）注射基因工程苗预防产后仔猪白痢。

（4）产前 10d 给母猪驱虫,预防分娩后仔猪因接触母猪粪便而感染寄生虫。

（5）注意观察,如母猪出现过早减食、停食或行动异常,精神不安,阴户红肿、流出黏液、不时努责等症状,则有可能要流产,应及时注射黄体酮每头 15~25mg,同时内服镇静剂安胎。

（6）分娩前 7d,将母猪提前转入消毒好的分娩圈舍,为仔猪生长提供良好的环境。

（7）分娩前 1~2d 用新洁尔灭消毒液清洗母猪乳头和阴户,安排专人值班,准备好接产器具。

（8）如母猪分娩时间超过 8h 而未完成,可用催产素催产,若催产无效,则人工助产。

（9）一般母猪分娩当天不喂料,分娩后第 1 天上午给 0.5kg,第 2 天上午给 1kg,下午 1kg,以后逐渐增加至正常量。刚分娩的母猪切不可喂得过饱,会使泌乳量增多,仔猪吃不完,导致乳汁在乳房内积聚而产生毒素,引起仔猪腹泻或引起母猪乳房炎。

（10）应设置母猪护仔栏,以防母猪在哺乳时将仔猪压死或咬仔猪。

二、哺乳仔猪的饲养管理

1. 哺乳仔猪的饲养管理要点

（1）协助新生仔猪去除羊膜,让仔猪尽快呼吸到空气,以免窒息而死亡。用温水和热毛巾将仔猪洗净擦干,及时除去胎衣和垫草,防止母猪吃掉胎衣,引起消化不良或形成咬吃仔猪的恶癖。

（2）有些仔猪产下后停止呼吸,但心脏仍在跳动,出现假死现象,应及时抢救:

1）迅速擦净鼻黏液,再对准仔猪口鼻吹气。

2）在擦净口鼻黏液后,倒提仔猪后肢,用手轻拍背部直到发出叫声为止。

3）倒仰假死仔猪,拉住两前肢前后伸缩,一紧一松地压迫胸部,实行人工呼吸。

（3）用消毒剪刀,在离仔猪腹部约 4cm 处将脐带剪断,后用 5% 碘酒涂擦干净,若断口流血不止,可用消毒过的细线将脐带结扎。

（4）协助初生仔猪尽快吃到初乳,初乳是母猪产仔后 3d 以内分泌的乳汁,初乳营养丰富,含有大量的母源抗体,仔猪早吃初乳,可以增强体力,恢复体温,补充水分,同时提高仔猪对疾病的抵抗能力。

（5）补铁。初生仔猪生长迅速,对铁的需求量大,母乳中铁的含量无法满足仔猪的生理要求,若不及时补充铁剂会造成仔猪缺铁性贫血与死亡。常用的铁剂有:硫酸亚铁、铁钴针剂、牲血素等。

（6）进行剪齿，防止哺乳时咬破母猪乳头引起乳房疾病和停止泌乳。去尾，防止相互咬架而造成损失。

（7）保温。初生仔猪体表脂肪极薄，体温调节中枢尚未发育完全，对温度变化比较敏感，寒冷使仔猪变迟钝，不能正常吮食初乳而饿死或冻死，有些仔猪挤堆取暖，造成压死，对疾病的抵抗能力降低，容易感染黄白痢等疾病。因此，必须对仔猪采取一定的保温措施，如加热地板，垫草，用红外线灯照射等。

（8）寄养和并窝。寄养，是把母猪多余的仔猪交给另一头母猪哺育。并窝，是把两窝头数较少的仔猪合并起来由一头母猪喂养，但两头母猪产仔间隔的时间越短越好，最好不超过3d。在寄养和并窝时要注意：

1）确保被寄养和并窝的仔猪吃到初乳，以提高仔猪的抗病能力。

2）用寄养母猪和并窝母猪的乳汁或尿液涂擦在被寄养和并窝的仔猪身上，使母猪分辨不清寄养和并窝仔猪。

3）选择母性强、性情温驯、护仔性好、泌乳量充足的母猪来哺乳，以提高仔猪的成活率和断奶重。

（9）提前补饲。母猪产仔后第3周开始，泌乳量逐渐下降而仔猪又逐日长大，即仔猪发育迅速，母猪的泌乳量无法满足仔猪的生长需求，若不及早补饲，将严重阻碍仔猪正常生长发育。一般仔猪出生后第7天开始补饲，

补饲方法有：

1）自由采食法。将哺乳猪粒料撒在仔猪出入和经常游走的地方，任其自由采食。

2）母教仔法。将母猪食槽放低10cm左右，让仔猪在母猪采食时，随母猪捡食饲料，以训练仔猪采食。

3）饥饿法。把仔猪和母猪隔开，待仔猪饥饿时，使其先吃料后吃奶，吃奶吃料间隔时间一般1~2h。

4）诱导法。利用仔猪喜欢拱、舔食饲养人员的鞋及手指等习性，将哺乳仔猪料涂在手指上，让仔猪舔食，如此训练几次即可。

5）强制诱食法。将哺乳仔猪料洒上糖水，涂在仔猪唇上或塞入仔猪嘴中，任其舔食，反复进行2~3次，仔猪便可学会吃料。

（10）提前断奶

断奶是哺乳仔猪饲养管理中最后一个环节，断奶日龄的选择直接影响母猪和仔猪的生产性能。实行早期断奶：

1）提高母猪的繁殖率。早期断奶使母猪泌乳期缩短，体重损耗少，断奶后及时发情配种，年产仔由1.8胎可提高到2.2~2.5胎。

2）提高了饲料利用率。母猪对饲料转化成乳的利用率仅为20%，但仔猪自己吃料则

利用率为50%～60%，饲料利用率提高2～3倍。

3）有利于仔猪生长发育。可减少僵猪和防止僵猪的发生。注意早期断奶日龄的选择，根据自己的实际条件，如仔猪料的营养水平、仔猪体质、保温及圈舍条件等进行，一般为21日龄、28日龄、35日龄、45日龄。早期断奶的方法有以下三种：

①一次断奶。将母猪与仔猪一次全部隔离，此法方便简单，但由于断奶突然，容易引起猪消化不良或奶多的母猪发生乳房炎。

②分批断奶。在一窝仔猪中，将发育好的、体重大的仔猪先断奶，而体质弱小的后断奶。

③逐渐断奶。断奶前5～6d将母猪和仔猪合起来，喂奶次数减少，经3～4d后即可断奶，此法对仔猪应激小，比较安全，但工作量大。

2. 降低仔猪断奶前死亡的方法

（1）吃足初乳。因初乳中含有大量的免疫球蛋白，可提高仔猪免疫力。

（2）固定乳头。一般采取体质较弱的仔猪喂前排奶头，由于前排奶头的奶水相对较为充足，体质较好的喂后排。也可采取分开吃奶的方法，对体质较弱的仔猪可采取胃管饲喂的方法。

（3）分批断奶。个体较大的先断奶，体质较弱的则推后断奶。

三、仔猪的饲养管理

从出生到断奶阶段的仔猪称为哺乳仔猪一般为21日～35日龄前，这个阶段是猪一生中生长发育最迅速，物质代谢旺盛，消化机能不完善，猪体保温能力差，容易发病的时期。哺乳猪培育的好坏不仅直接影响到断奶育成率的高低和断奶体重的大小，进而影响到出栏时间，而且关系到母猪的生产力，从而影响整个饲养经济效益。因此针对此阶段仔猪的生理特性，加强仔猪的培育，是提高养猪经济效益的关键。主要从下面11个方面着手。

1. 初生仔猪管理

（1）除去胎膜，擦干身体：当仔猪由母体分娩后，部分羊膜可能缠绕仔猪的呼吸道，工作人员必须及时除去羊膜，以便仔猪能正常呼吸。

（2）剪断脐带：仔猪出生后先将脐带内血液尽量挤向腹部，然后在距腹部4-5cm处用结扎后剪断，并用5%的碘酊消毒，以防细菌感染，特别是破伤风。

（3）除去犬齿：注意剪齿时不要损害齿龈和舌头，使病原菌进入仔猪体内，并注意工具的消毒，以免细菌交叉感染。

（4）剪耳号：主要针对的是后备种猪。

（5）断尾：一般在仔猪出生后1~2d内，结合剪耳号实施断尾，要注意的是工具消毒，且断尾不可过短。

2. 早吃初乳

母猪产后，3天内的乳称为初乳，以后为常乳，初乳营养丰富（含有镁盐、铁、维生素A，D，C），携带母原抗体的大分子球蛋白特别多。在幼畜出生后较短时间内被摄入消化道中，才能被完整的吸收利用。一般要求犊牛生后30~50min、猪和羊在生后0.5h内即应吃早喂足初乳。可大大提高仔猪抗病能力同时又能促进胎粪排出。仔猪吃不上初乳很难养活；吃不足初乳，即使能养活也会出现发育不良或成僵猪。虽然初乳质量好，但维持时间短，所以初生仔猪必须及时吃足初乳，这样有利于提高仔猪的成活率。

3. 固定奶头具体做法

仔猪出生后2~3天内每天吃乳前，以仔猪自选为主，人工控制为辅。将体小力弱的仔猪固定到前边泌乳量大的乳头上，将体大力强的仔猪固定到后边的乳头上，用人工辅助固定奶头，一般经2~3天就可以固定好吃奶次序。以后每次哺乳均能按固定奶头吃乳。

在固定奶头时，最好先固定下边的一排，然后再固定上边一排，这样既省事也容易固定好。此外，在乳头固定前，让母猪朝一个方向躺卧，以利于仔猪识别自己吸的乳头。

4. 补铁补硒

（1）补铁

铁是形成血红蛋白和肌红蛋白所必需的微量元素，仔猪缺铁时，便会发生缺铁性贫血，表现为精神不振，皮肤黏膜苍白、被毛蓬乱、食欲下降、轻度腹泻、生长缓慢甚至停滞、抗病力弱，严重者形成僵猪，甚至死亡。仔猪出生时，体内存储的铁元素约为59mg，每天生长发育需要消耗7mg左右，仔猪每天从母乳中可以获得铁元素1mg左右，体内储存的铁5~7天就会耗尽。如得不到及时补充，早者3~4日龄，晚者8~9日龄便会出现缺铁性贫血。

常用的补铁方法有：

仔猪出生2~3天内肌肉注射100~150mg/头或1~2mL/头铁剂（右旋糖苷铁、葡萄糖亚铁、血多素、生血素等）。口服铁铜合剂10mL/头，每天1~2次，也可喷洒或涂在母猪乳头上，使仔猪吃奶时吸收。

（2）补硒

仔猪容易缺硒，宜于出生后3~5日龄肌肉注射0.1%亚硒酸钠和维E合剂0.5mL，60日龄再注射一次。

5. 仔猪补水

由于仔猪代谢旺盛，母乳含脂率很高，所以仔猪需水量就很大。若不及时供给饮水，会因口渴喝脏水而造成下痢。仔猪出生后3天开始补给清洁的饮水，并且要勤换，冬季可供给温热的水，严禁给仔猪饮冰冻水。

6. 保温防寒

初生仔猪皮下脂肪很薄，被毛稀疏且本身体温调节中枢尚未发育完全，对外界环境的适应性较差，在寒冷的条件下极易染病冻死，还可导致压死或下痢，因此保温是仔猪育成率的关键。

表1-3 仔猪最适宜的温度

日龄	1-3	4-7	8-14	15-21	22-28
温度℃	32-36	30	28	26	24

哺乳母猪最适宜的环境温度为20~22℃，否则母猪感觉不适，采食量下降，产乳下降。在此情况下可实施小环境的温度控制。通常的做法是在产仔箱内增设灯泡，或用电热伞或其他保温的做法。最好的方法是在产床内一角设置保温箱和灯泡，既能保温又能防压。

7. 防止挤压

挤压占所有断奶关死亡的28%~46%，原因是仔猪出生后四肢行动不灵活，大脑反应较为迟钝；母猪疲劳，起卧不便；产房寒冷，仔猪聚集取暖。

防压措施有：

（1）保持仔猪的环境温度干燥，帮助他们出生后尽快吃上初乳，以使仔猪更强壮，有能力避免被母猪压死。

（2）分娩栏内靠一侧或一角有坚固的栏隔开，隔出一个供仔猪生活活动的小区，仔猪可随便出入，母猪进不去。栏内前期放保温箱，后期用于仔猪开食补料，分娩栏内要求地面平整，垫草不可过长、过厚。

（3）母猪产后3~5d内安排夜间值班人员，当母猪吃食后或排便或回到原处躺卧时，值班人员应将仔猪赶到防压栏内。一旦发现母猪压住仔猪，应迅速进入分娩栏内就出仔猪。

（4）挤压损失也发生在分娩过程中，若发现个别母猪分娩时烦躁不安，要把所有仔猪圈在保温箱中，直到分娩结束。

8. 及时补饲或教槽

仔猪生长迅速，对营养物质要求的需求量日益增加，而母猪在产后三周达到泌乳高峰，之后则逐渐下降，紧靠吃母乳已经不能满足仔猪迅速生长的需要，若哺乳阶段仔猪只吃母乳，断奶后会产生许多营养性和适应性的问题。因而在7~10日龄应开始教仔猪认食，使仔猪顺利地过渡到靠吃料提供营养的生长阶段。

（1）诱食补料具体做法，有以下四点

1）选择易消化，诱食效果和适口性好的饲料，帮助仔猪顺利度过教槽关。如代乳宝。

2）少食多餐可以刺激仔猪多吃饲料。7天~15kg每天喂6~8次，间隔时间相等，每次喂八成饱；15~30kg每天喂4~5次；30kg每天喂3次或自由采食。

3）诱食时间选择在仔猪最活跃的时候（上午8：00-10：00，下午14：00-16：00）。

4）饲喂时不宜喂料槽中剩下的料，以免霉变或污染而造成下痢。

2.诱食补料的好处是：

1）刺激消化液的分泌，增强仔猪对料的适口性。

2）弥补母猪奶水不足。

3）提高仔猪的整齐度。

4）时间提前，缩短母猪的繁殖周期，进而提高母猪繁殖效率和经济效益。

9.适时断奶

断奶时间应根据仔猪的发育情况及猪场的管理水平而定，但它对整个猪群的利用效率和饲养效益影响极大。如今多数国家猪场在实际生产中推广21~28日龄断奶。根据我国的饲养情况28日~35日龄断奶比较适合，管理好的也可以实行21~28日龄断奶，从而提高母猪的繁殖利用率。

10.寄养并窝

在生产实践中遇到母猪产仔数多于乳头数，母猪产仔数极少（少于5头），母猪产后死亡的情况时采用寄养与并窝。具体做法是：首先选择产期接近、泌乳量高、无恶癖的母猪做继母，并且寄养仔猪最好吃过初乳，在寄养前处于饥饿状态，后产的仔猪向先产的窝里寄养时，要挑体重大的，反之要挑体重小的。其次注意并窝后对仔猪的看护，防止继母认出非己所生的仔猪而咬伤，为防止继母辨认，可用母猪尿或奶涂于寄养仔猪身上，寄养时间宜选择在晚间，有时寄养仔猪拒不吃继母奶，要用饥饿和强制训练的办法进行才能成功。如果场内无继母可找，可实行轮流哺乳，无母源时可实行用羊奶或牛奶人工哺乳。

四、保育猪的饲养管理

1.仔猪断奶过渡期的管理

（1）分群

仔猪断奶后，将母猪调回空怀母猪舍，仔猪断奶后最初几天，最好留在原圈；半个月后表现基本稳定时，再调圈分群并窝，将仔猪转移到温度较高，环境干净的保育舍。如果原窝仔猪过多或过少，需重新分群，则可按体重大小，强弱进行合理分群。同栏仔猪体重相差不超过1~2kg。还要进行适当看管，防止咬伤。

（2）饲料过度

仔猪断奶后，要保持原来的饲料半个月内不变，以免影响食欲和引起疾病，以后逐渐改变饲料，断奶仔猪正处于身体迅速发育的生长阶段，需要高蛋白、高能量、和含丰富的维生素、矿物质的日粮，如（血浆蛋白粉、肠膜蛋白粉、免疫球蛋白制品、碳水化合物、大豆制品、油脂能量）应限制含粗纤维过多的饲料，注意添加的补充。

（3）饲养制度过度

仔猪断奶后半个月内，每天饲喂的次数比哺乳期多1~2次。这主要是加喂夜餐，以免仔猪因饥饿而不安。每次喂量不要过多，少吃勤喂，以七八成为度，这样能使仔猪保持旺盛的食欲。

2. 适宜的温度

离乳后的仔猪所需的环境温度，对断奶期的死亡率、采食量、生长速度及下痢的控制十分重要。断奶后的第一周，环境温度最好在30℃，以后则以每周下降2℃至达到20℃左右。

3. 调教管理

刚断奶转群的仔猪吃食、卧位、饮水、拍粪尿尚没有建立固定地点，必须对仔猪加强训练。一般而言，供水的地方应远离仔猪卧睡休息的地方，这样才能保持卧睡休息的地方干净。

4. 饲养密度

断奶仔猪的饲养密度应以0.23 ㎡（高床饲养）~0.33 ㎡（地面平养）/头为宜，每栏饲养头数以不超过20头为宜，可提高猪群的整齐度，有利于仔猪的生长发育。

5. 水的供给

断奶时，为保证卫生安全应使用饮水器。为让猪尽快找到饮水器。在断奶前几天调节饮水器，使其自然滴水，仔猪能很快找到饮水器。饮水器安装在猪肩部上方5cm处，使猪必须抬头喝水。有条件可使用调节饮水器，根据猪的大小调节高低，每天检查饮水器，防止堵塞。饮水必须清洁而且不是冰冻水。

6. 避免咬尾咬耳

造成仔猪咬架的恶癖因素很多，主要防治方法如下：

（1）体重相差太大的仔猪不可并栏。

（2）饲养密度不可过大。

（3）保育舍通风良好。

（4）对仔猪进行断尾，进行科学饲养管理，提供优质全价的配合饲料，也可在猪舍悬挂铁链、玩具球、木块、砖头。

第六节　肥育猪生产与猪场建设

一、猪只生长环境组成

内环境：栏舍内温度、湿度、通风、光照和空气质量等。

物理环境：栏舍地面、料槽、饮水器与其他硬件，也包括猪舍的布局。

社会环境：指猪群个体之间的关系和等级秩序，社会环境受栏舍空间、饲料和饮水以及管理因素（如混群和转群）的影响。

以上各个环境因素，相互影响，相互联系，共同对猪群产生影响。

图1-1　育肥猪的生长环境

二、育肥舍饲养密度

保持合理的饲养密度，是养好生长育肥猪的重要环节。饲养密度过大或群养数量过多，都会使猪群的日增重和饲料报酬下降，还易导致猪群出现健康问题。在使用漏缝地板时，其间隙不宜过大，避免损伤猪肢蹄。注意事项：

（1）饲养密度太大会降低猪只生长速度，导致造肉成本增高。

（2）猪群密度过大易导致猪只不适，烦躁，易出现咬耳、咬尾等攻击行为。

（3）灵活根据栏舍猪群日龄与体重进行合理的调栏、分群，但不要频繁进行调群，以免猪群打架、烦躁不安。

（4）提前合理安排猪只栏舍，避免猪群饲养密度过大，按一定比例预留出空栏，方便挑选病猪、弱猪等。

三、育肥舍早期规范

生长育肥猪虽然经历过保育舍的调教，但是猪只进入育肥舍后，会面临新的栏舍环境、陌生的伙伴，这就需要让猪只尽快适应新环境，吃上饲料、找到饮水器。做好早期规划，划分好猪群躺卧区、采食区与排泄区，这样可以减少饲养人员劳动强度与降低育肥舍疾病发生概率。

四、育肥舍空气质量

1. 空气质量对猪只影响

育肥舍做好清粪、通风等日常工作，能够减少栏舍内粉尘、氨气等污浊气体产生，降低呼吸系统疾病的发生率，提高猪只生长速度，降低料肉比，减少猪只伤亡，提高猪场经济效益。

2. 栏舍改善空气质量方法

（1）基本原则：保持栏舍清洁、适当的湿度、减少废气产生、通风换气。

（2）注意事项

1）日常栏舍巡查时，空气质量检查应作为重点检查的第一项。

2）污浊的空气不仅仅影响猪只生长，还会对栏舍的饲喂人员健康造成危害。

3）根据栏舍的具体情况（如水泡粪、人工清粪、刮粪机清粪等）采取合理的措施去控制空气质量。

4）检查栏舍空气质量时，巡查人员口鼻、眼睛与猪只的口鼻在同一水平线上。

5）对猪场造成的损失，不能只用猪只的伤亡数来衡量，而需要全面进行考虑（出栏天数、人工成本等等）。

五、育肥舍温度管理

1. 猪的主要散热方式

猪的汗腺不发达，并且育肥猪皮下脂肪较厚，不能通过出汗来散发热量，对高温的耐受度较差。当外界温度较高时，猪只主要通过对流、辐射、蒸发、传导等方式散热。

表1-4 猪的主要散热方式

散热方式	比例（%）	说明	影响因素
对流	40	通过与气体流动进行热量交换	体表风速

续表

散热方式	比例（%）	说明	影响因素
辐射	30	热量以热射线形式散热到周围环境	猪舍隔热与环境温度
蒸发	17	皮肤表面通过蒸发、排汗及喘气散热	汗腺、淋水
传导	13	接触地面或者冷水散热	栏舍地面

2. 育肥舍适宜温度

如果栏舍温度低于 4℃，育肥猪的生长速度会下降 50%，降低饲料转化率，增加饲料成本。

表 1-5　育肥舍适宜温度

项目	要求
温度	17~22℃
湿度	60~75%

温度高于最适温度 2~8℃，采食量会下降，呼吸频率增加，食欲降低，生长速度减慢。栏舍适宜的湿度能保证猪只健康生长减少呼吸系统疾病的发生。湿度过大，微生物繁殖较快，增加疾病的发生机会；湿度太小，栏舍内空气干燥，浮尘较多，猪只呼吸道疾病易发。

3. 育肥舍温差控制

育肥舍温度管理中，注意栏舍温差不能过大，如果育肥舍温差 > 10℃，会造成猪群不适，抵抗力下降，容易生病，降低生长速度。

表 1-6　育肥舍温差控制

体重（kg）	24h 允许温差（℃）
< 10	< 2.5
10~30	< 5.5
30~ 出栏	< 10

注意事项：

1. 关注栏舍猪只行为与呼吸频率，进行合理的温度调节。
2. 合理增加饲养密度，降低猪舍湿度，保持猪舍干燥。
3. 坚持在每天中最热和最冷的时候检查栏舍温度以及猪群的行为。
4. 合适的温度、湿度能够加快猪只的生长、提高饲料转化率，缩短出栏时间。

六、育肥舍通风管理

育肥舍合理的通风管理，需要根据猪场所在地区的气候条件、饲养密度、猪舍面积，通过理论计算及结合实际生产等诸多因素而设计出来的。

表 1-7 育肥舍通风管理

项目	季节	目标
风速（m/s）	夏	1.0~1.2
	冬、春、秋	0.3~0.5
通风换气量 m³/（h.kg）	夏	0.6
	春、秋	0.45
	冬	0.35

注意事项：

1. 栏舍通风模式简单概括为水平通风、垂直通风。冬季可以采用垂直通风，夏季采用横向通风。

2. 栏舍做好温度、湿度、通风三者的关系至为重要，生产中需要高度重视。

3. 通风能够栏舍带来新鲜空气，带走污浊的空气、病原微生物、湿气等，对栏舍环境十分重要。

4. 栏舍避免贼风的产生，尤其是寒冷的季节。

七、育肥舍光照管理

栏舍适当的光照强度与时间有利于提高猪只的日增重、抗病能力，但光照过强可使日增重降低，猪群躁动；光照过弱则能增加脂肪沉积，胴体较肥。因此，为了最佳的生产成绩，肥猪舍的光照强度与保育舍相比应稍微暗淡，光照时间也要减少。注意事项：

（1）适当光照强度与时间，可提高采食量，增进猪群的健康，提高猪的免疫力。

（2）育肥猪栏舍采取低强度的光照，有助于提高日增重。

八、育肥舍饲喂管理

1. 饲喂方式

生长育肥舍的猪只是从 25~30kg 开始直到出栏（110kg 左右），该期饲养的重点是尽可能创造适合其生长发育的外部条件，减少猪群疾病发生，最大程度的发挥生长潜力，提高饲料转化率，缩短出栏时间。

2. 饲喂方案

瘦肉型生长育肥猪具有生长速度快，饲料转化率高的特点，需要根据猪只的生长发育规律，选择合适的饲料与饲喂方案，让猪群充分采食，保障营养供给，确保猪只快速生长。

3. 料型选择

育肥舍确定饲料料型时，应根据猪场的硬件设施、饲料供应商等情况去选择，好的饲料与高水平的饲喂管理能够提高饲料转化率与加快猪只生长速度。

4. 注意事项

（1）饲喂方案需要根据猪场实际情况进行选择，不可盲目照搬。

（2）在饲料选择问题上，应在保证生长育肥猪快速、健康生长的基础上，选择性价比高的厂家，而不是一味追求价格低。

（3）每天清理料槽，保证每天至少空槽一次，每次空槽时间不少于 1h。

（4）换料过渡期至少为 3d，逐渐过渡，每天分别替代 25%、50%、75%，如饲料过渡中，出现大面积不食、腹泻等异常情况，应停止饲料过渡，维持原料，并给予治疗。

第七节 提高商品肥育猪的出栏率

提高肥育猪的出栏率，也就是提高猪的日增重和缩短肥育周期，用少量的饲料换取较多的猪肉。为此，应抓好以下科学饲养管理措施。

一、充分利用杂种优势

不同品种杂交所得到的杂种猪，比纯种亲本具有较强的生活力，在生长肥育过程中，具有好喂养、生长快、抗病力强、育肥周期短等特点。大量试验证实，采用二元杂交猪，比纯种猪提高日增重 15~20%，三元杂交猪比纯种猪提高 25% 左右。目前，国内多采用长白与大约克杂交母猪，再与杜洛克、皮特兰或汉普夏公猪交配，从而获得最佳的三元杂交组合。

二、早补铁

仔猪刚出生后，要靠母乳生活，每天需要 7mg 铁，而仔猪从母乳中只能获取 1mg 铁。仔猪在生长发育过程中，往往因出现缺铁性贫血而影响生长速度，因此，一定要早补铁。一般仔猪 2~3 日龄肌注 1mL "血铁素"，其效果较佳。

三、提高仔猪初生重与断奶重

仔猪初生重大，说明仔猪在胎儿期生长发育好，在其后的生长过程中，体质健壮，患病少，好饲养，增重快，断奶体重大。根据试验证实，断奶体重大的猪，在同样饲养管理条件下，将比断奶体重小的仔猪缩短肥育出栏期 1~2 个月。

四、提供适宜的温、湿度环境

猪舍要控制好温、湿度，温度、湿度过高，会导致猪的采食量减少，日增重下降；温度过低,则热能消耗大,采食量多,而饲料报酬低。因此,猪舍的适宜温度范围应控制在小猪 20~30℃、成猪 15~20℃,湿度以控制在 50%~55% 为宜。

五、供给充足洁净的饮水

水是猪生长发育所必需的重要物质,猪的饮水量因体重、饲料和气候条件的不同而不一样,一般体重大,喂料越干,气温越高,则饮水量就越多。供给的饮水必须充足、洁净。

六、饲喂采取"四定一改"

即定喂的次数、定喂的时间、定喂量、定饲养标准,改湿拌料为干粉料喂猪。饲喂次数要根据猪的不同生长阶段来确定,仔猪一般日喂 5~6 次,中猪 4~5 次,大猪 3 次。饲喂时间,每天要相对固定。饲料喂量,每次要保持均衡。饲养标准,要根据猪的体重和生长阶段,调配不同的日粮配方饲料营养标准。饲料要将过去传统的饲喂湿拌料,改为水料分开,饲喂干粉料,有利于猪的消化吸收和提高饲料的利用率。

七、合理的饲养密度

猪的饲养密度应根据猪的大小和不同季节而进行调整,一般以每头肉猪占 0.8~1.0m² 为宜。3~4 个月龄每头肉猪需要占 0.6m²,4~6 个月龄每头肉猪需要占 0.8m²,7~8 月龄占 1m²。大猪在夏季每头猪一般占用 1.1~1.2m²,冬季占用 0.9~1.0m²。

八、实行同窝原圈饲养

仔猪从出生到肥育出栏,实行同窝原圈饲养,比仔猪断奶后移圈混养效果好。由于减少了应激刺激,可提高日增重 7~8%,缩短肥育出栏期 20~30d。

九、实行早去势

去势后可使仔猪性情安静温顺,食欲增加,生长速度加快。去势日龄越早,对仔猪造成的应激影响越小,一般以 20~25 日龄去势为宜,根据试验,这个日龄比 60 日龄断奶后再去势的仔猪,可提高日增重 5~6%,缩短育肥期 15~20d。

十、适时进行防疫和驱虫

对肥育猪要严格按照科学的卫生防疫程序进行猪瘟、猪丹毒、猪肺疫等病的疫苗预防注射和药物驱虫工作,以确保猪的健康和实现养猪的高效益。

第二章 鸡的饲养

第一节 鸡的生物学特性及品种

一、鸡的生物学特征

1. 鸡的体温

鸡的正常体温鸡的体温鸡的正常体温为41℃，比一般哺乳动物高。鸡的发烧体温为43℃~44℃。抱窝鸡的体温比正常鸡体温略低2℃~3℃。初生雏的体温较成年鸡体温略低，大约4d龄后才开始增高，到7~10日龄即达正常体温。幼雏的绒毛保温能力很差。因此，育雏时需要较高的温度，约32℃~34℃。幼雏在正常的饲养管理条件下，达到6~7周龄时，绒毛脱尽。换上羽毛，才具有一定的保温能力。成年母鸡在较低的气温下，虽不至于冻死，但产蛋量将显著下降，甚至停产。另一方面，鸡不太耐热，原因是鸡没有汗腺。当气温升高时，鸡只能依靠加速呼吸和展翅、以及多饮水的途径散热，来保持体温平衡。因此，当天气炎热时，应搞好防暑措施，避免产蛋量显著下降。

2. 消化系统

鸡的代谢作用旺盛，消化道比较短，消化食物快。饲料在消化道内停留的时间短，产蛋鸡和小鸡约4h左右；非产蛋鸡约8h；抱窝鸡约12h。因此，每天采食次数，也比一般家畜多。鸡没有牙齿，但有肌胃，它是磨碎食物的主要器官。肌胃内有一层坚硬的角质膜（鸡内金）。内存砂砾，可把食物磨碎。因此，鸡如长期吃不到砂砾，就会引起消化不良。鸡对粗纤维的消化率低，在各种畜禽中，以鸡对粗纤维的消化率最低。初生幼雏能吸收和消化蛋黄，卵黄囊有管道与幼雏小肠相通。幼雏开食之前，主要依靠吸收蛋黄液的营养。在正常生长情况下，10~14d就把蛋黄吸收完毕，如果蛋黄不被吸收，就说明幼雏患病。

3. 生殖、泌尿系统

母鸡的生殖器官是由左侧卵巢和输卵管两部分组成（右侧卵巢和输卵管已退化）。输卵管可分喇叭、膨大部、峡部和子宫。卵巢内有500~3000多个不同发育阶段的卵，每个卵有一层很薄的膜包着，当卵成熟时，卵膜破开，卵黄即落入输卵管的喇叭口，卵子在此处与精子遇合而受精，通过输卵管的蠕动而到达膨大部，蛋的大部分蛋白即在此形成。随后卵进入峡部，并在此分泌蛋白质，形成内壳膜和外壳膜，而后再到子宫，渗入稀蛋白，并形成蛋壳。至此，一个完整的鸡蛋全部形成，最后由泄殖腔排出体外。从排卵到产蛋的整个过程，一般需要26h左右。在蛋的形成过程中，如果卵巢同时排出两个卵黄，或是连续排出两个卵黄，或者由于体腔内有血块、寄生虫等进入输卵管时，就会形成双黄蛋或特小的鸡蛋（内无卵黄）等畸形蛋。公鸡的生殖器官由睾丸、附睾、输精管和退化的阴茎组成。当公鸡与母鸡交配时，精液射入母鸡的泄殖腔，并在输卵管的膨大部受精。鸡的泌尿器官由一副对称的肾脏和输尿管组成。输尿管输尿至泄殖腔，与粪一起排出体外。鸡没有膀胱，但肾脏比较大，位于卵巢或睾丸的后方，附着在脊柱两侧的凹陷处，呈红棕色。由于鸡没有贮存尿的膀胱，直肠也比较短，排泄粪尿的次数比一般家畜多得多。

4. 鸡的习性

鸡具有群居、好斗、认窝、抱窝、杂食、胆小和栖高等习性。只有掌握了鸡的习性，创造必要的饲养管理条件，才能得到好的饲养效果。

二、养殖鸡的品种选择

现代养鸡生产中，主要按经济性能和生产方向分类，大体分为蛋鸡系和肉鸡系两类。

1. 蛋鸡系

主要用于生产商品蛋和繁殖商品蛋鸡。按照所产蛋蛋壳颜色，又可分为白壳蛋鸡系和褐壳蛋鸡系。

（1）白壳蛋系

该品系主要以单冠白来航品种为素材选育出的、各具不同特点的高产品系，利用这类品系行品系间杂交所育出的白壳蛋商品杂种鸡。该型鸡体型较小，故又称作轻型蛋鸡，有时用育种公司的名称命名，如星杂288等。

（2）褐壳蛋系

主要由一些兼用型品种，如洛岛红、新汉县鸡培育成的高产品系。用这些品系配套杂交后培育的商品蛋鸡，产褐壳蛋。如罗斯褐壳蛋鸡、星杂579等。这类鸡体型较来航鸡稍大，故又称中型蛋鸡。

我们这儿养殖的蛋鸡品种主要有：京粉、尼克粉、海南褐、罗曼鸡等。

2. 肉鸡系

用于生产商品肉用仔鸡。一般需具备两套品系，即培育出专门化的父系和母系，用作配套杂交。

（1）父系

肉鸡生产用父系，要求产肉性能优越，早期生长速度快。目前生产肉用仔鸡的父系，是从白科尼什鸡中培育的父系。，用它与母系杂交后产生的肉用仔鸡都是白羽，避免屠体上因有色残羽，影响屠体品质及外观。有些地方也用红科尼什培育父系。

（2）母系

肉鸡生产用母系，要求具有较高的产蛋量和良好的孵化率，孵出的雏鸡体型大、增重快等。培育肉鸡母系一般用兼用型品种，目前多使用白洛克和浅花苏赛斯。已经引入我国的肉鸡配套鸡种或商品鸡主要有星布罗、罗斯Ⅰ号、爱拨益加鸡（AA鸡）等。

第二节 鸡的人工授精及人工孵化

在种鸡养殖过程中，采用人工授精技术可提高公鸡利用率和种蛋受精率，从而可降低养殖成本及加快育种进程。因此，鸡的人工授精已经成为现代化种鸡场不可或缺的一项实用技术。

一、种公鸡的选择

自然交配的情况下公母鸡比例为1∶10左右，采用人工授精公母鸡比例可下降至1∶30左右，另外需要留10%的公鸡备用。选留的公鸡体重、体型、外貌以及性成熟特征等，必须符合该品种的选种要求。

在配种前需要先对种公鸡进行调教，根据所采精液质量和密度淘汰掉不合格的种公鸡。确定留下的合格种公鸡需要剪掉尾羽和肛门周边的羽毛，以方便进行采精。

二、人工采精

1. 准备

熟练的饲养员2名，换上消毒后的工作服，洗净双手并进行消毒；人工授精工具（输精枪、集精杯等）先用清水冲洗干净，然后放入开水中煮沸5分钟或放入消毒柜30分钟进行消毒，晾干后备用。

2. 操作

将种公鸡从鸡笼中提出，并对肛门周围进行消毒，然后双腿紧紧夹住公鸡双脚，左手放在公鸡肛门部位，右手从公鸡颈部顺毛向尾部进行按摩。待公鸡有强烈的条件反射时（交配器外翻），迅速用左手拇指和食指提起并压住，同时拿过集精杯接取泄殖腔内的精液。

3. 检测

通过显微镜对公鸡精液进行检测，每毫升精液内精子数量要在30亿以上，精子活力0.8以上。另外种公鸡射精量应高于0.3mL，对于射精少或精子质量不合格的种公鸡及时进行淘汰，并用备用公鸡补齐。

三、人工输精

时间：为保证种蛋良好的受精率，母鸡一般4~5天输精一次。输精时间多选择下午2：30分以后（鸡群多数鸡产蛋后）进行，可根据母鸡产蛋时间和气候做适当调整。

操作：人工输精一般多为2人共同操作。1人将母鸡从鸡笼中提出双脚压于右手食指下，左手拇指与食指连翻带压将母鸡肛门翻开并露出卵巢，另1人迅速采用输精枪将精液输入母鸡卵巢中。

注意：输精量为0.03mL，同时需要防止输精枪对母鸡带来伤害，并确保准确输入无精液露出。

第三节 蛋鸡的饲养管理

要饲养出一批品质优良的蛋鸡应该从雏鸡饲养就开始抓起，从雏鸡到育成鸡再到产蛋鸡，每一个环节的饲养方法都要有科学。对于广大养殖户来说，蛋鸡的产蛋性能的高低，直接关系到养殖效益的多少。由此可知，从育成期到产蛋期的过渡管理即产蛋初期的管理关系到产蛋期的整个水平。为了加强鸡群的总体性能，提高产蛋率，注意预产期（产蛋初期）的管理，也成为养鸡生产中关键控制点。

一、产蛋鸡的生理特点

1. 性成熟

刚开产的母鸡虽然性已成熟，开始产蛋，但机体还没有发育完全，18周龄体重仍在继续增长，到40周龄时生长发育基本停止，体重增长极少，40周龄后体重增加多为脂肪积蓄。

2. 环境变化非常敏感

产蛋鸡富于神经质，对于环境变化非常敏感，产蛋期间饲料配方突然变化、饲喂设备改换、环境温度、通风、光照、密度的改变，饲养人员和日常管理程序等的变换以及其他应激因素都对蛋鸡产生不良影响。不同周龄的产蛋鸡对营养物质利用率不同，母鸡刚达性成熟时（17~18周龄）成熟的卵巢释放雌性激素，使母鸡贮钙能力显著增加，开产至产蛋高峰时期，鸡对营养物质的消化吸收能力增强，采食量持续增加，到产蛋后期消化吸收能力减弱，脂肪沉积能力增强。

3. 产蛋规律

产蛋母鸡在第一个产蛋周期体重、蛋重和产蛋量均有一定规律性的变化，依据这些变化特点，可分为三个时期：产蛋前期、产蛋高峰期、产蛋后期。

二、产蛋前期的饲养管理

1. 做好转群工作

在转群的前 3~5d，将产蛋鸡舍准备好并消毒完毕，并在转群前做好后备母鸡的免疫和修啄工作。关于转群时机，由于近年来选育的结果，鸡的开产日龄提前，转群最好能在 16 周龄请进行，但注意此时体重必须达到标准。

2. 适时更换产蛋料

当鸡群在 17~18 周龄，体重达到标准，马上更换产蛋料能增加体内钙的贮备和让小母鸡在产前体内贮备充足营养和体力。实践证明，根据体重和性发育，较早些时间更换产蛋料对将来产蛋有利，过晚使用钙料会出现瘫痪，产软壳蛋的现象。

3. 创造良好的生活环境，保证营养供给。

开产是小母鸡一生中的重大转折，是一个很大的应激，在这段时间内小母鸡的生殖系统迅速发育成熟，青春期的体重仍需不断增长，大致要增重 400~500g，蛋重逐渐增大，产蛋率迅速上升，消耗母鸡的大部分体力，因此，必须尽可能地减少外界对鸡的进一步干扰，减轻各种应激，为鸡群提供安宁稳定的生活环境，并保证满足鸡的营养需要。

4. 光照管理

产蛋期的光照管理应与育成阶段光照具有连贯性。饲养于开放式鸡舍，如转群处于自然光照逐渐增长的季节，且鸡群在育成期完全采用自然光照，转群时光照时数已达 10 小时或 10h 以上，转入蛋鸡舍时不必补以人工照明，待到自然光照开始变短的时候，再加入人工照明予以补充，人工光照补助的进度是每周增加半小时，最多一小时，亦有每周只增加 15min 的，当自然光照加人工补助光照共计 16h，则不必再增加人工光照，若转群处于自然光照逐渐缩短的季节，转入蛋鸡舍时自然光照时数有 10h 时，甚至更长一些，但在逐渐变短，则应立即加补人工照明，补光的进度是每周增加半小时，最多 1h，当光照总数达 16h，维持恒定即可。

5. 产蛋鸡的光照明强度

产蛋阶段对需要的光照强度比育成阶段强约一倍，应达 20 勒克斯。鸡获得光照强度和灯间距、悬挂高度、灯泡瓦数、有无灯罩、灯泡清洁度等因素有密切关系。

6. 人工照明的设置

灯间距2.5~3.0m，灯高（距地面）1.8~2.0m，灯泡功率为40瓦，行与行间的灯应错开排列，这样能获得较均匀的照明效果，每周至少要擦一次灯泡。

三、产蛋期日常管理

1. 饲喂次数和次数

每天饲喂2次，为了保持旺盛的食欲，每天12~14点必须有一定的空槽时间，以防止饲料长期在料槽存放，使鸡产生厌食和挑食的恶习。

每次投料时应边投边匀，使投入的料均匀分布于料槽里，投入后约30分钟左右要匀一次料，这是因为鸡在投料后的前10多分钟内采食很快，以后就会挑食匀料，这时候槽里的料还比较多，鸡会很快把槽里的料匀成小堆，使槽里的饲料分布极不均匀，而且常常将料匀到槽外，既造成饲料的浪费又影响了其它鸡的采食，所以要进行匀料，并经常检查见到料不均匀的地方就要随手匀开。

每次喂料时添加量不要超过槽深的1/3。

2. 饮水

产蛋期蛋鸡的饮水量与体重、环境温度有关，饮水量随舍温和产蛋率的升高而增多。

产蛋率（%）每日每只饮水量（mL）

表2-1 产蛋期蛋鸡饮水量

产蛋率（%）	每日每只饮水量/ML		
	10℃	20℃	30℃
10	166	170	253
30	178	181	278
50	193	195	307
70	206	210	337
90	228	235	383

产蛋期蛋鸡不能断水，有资料表明鸡群断水24小时，产蛋率减少30%，须25~30天的时间才能恢复正常。各种原因引起的饮水不足都会使饲料采食量显著降低，从而影响产蛋性能，甚至影响健康状况，因此必须重视饮水的管理用深层地下水供做饮用水最为理想，一是无污染，二是相对冬暖夏凉，笼养鸡的饮水设备有两种：一是水槽，另一是乳头饮水器。用水槽供水要特别注意水槽的清洁卫生，必须定期刷拭清洗水槽，水槽要保持平直、不漏水，长流水的水槽水深应达1cm，太浅会影响鸡的饮水，使用乳头饮水器供给要定期清洗水箱，每天早晨开灯后须把水管里的隔夜水放掉。

3. 拣蛋

为减少蛋的破损及污染，要及时拣蛋，每天拣蛋 3~4 次，拣蛋次数越多越好。

4. 注意观察鸡群加强管理

喂料时和喂完料后是观察鸡只精神健康状况的最好时机，有病的往往不上前吃料，或采食速度不快，甚至啄几下就不吃了，健康的鸡在刚要喂料时就要出现骚动不安的急切状态，喂上料后埋头快速采食。

5. 注意观察神态

发现采食不好的鸡时，要进一步仔细观察它的神态，冠髯颜色和被毛状况等，挑出来隔离饲养治疗或淘汰下笼。

6. 注意观察鸡只排粪情况

饲养人员每天还应注意观察鸡只排粪情况，从中了解鸡的健康情况。例如黄曲霉毒素，食盐过量，副伤寒等疾病排水样粪便；急性新城疫、禽霍乱等疾病排绿色或黄绿色粪便；粪便带血可能是混合型球虫感染，黑色粪便可能是肌胃或十二指肠出血或溃疡；粪便中带有大量尿酸盐，可能是肾脏有炎症或钙磷比例失调，痛风等。

7. 设备观察

在观察鸡群过程中，还要注意笼具、水槽、料槽的设备情况，看看笼门是否关好，料槽挂钩、笼门铁丝会不会刮鸡等。

四、产蛋高峰期管理

1. 减少应激

尽可能维持鸡舍环境的稳定，尽可能地减少各种应激因素的干扰。

2. 药物预防

根据鸡群情况必要时进行预防性投药或每隔一月投 3~5 天的广谱抗菌药。

3. 补充营养

注意在营养上满足鸡的需要，给予优质的蛋鸡高峰料（根据季节变化和鸡群采食量、蛋重、体重以及产蛋率的变化，调整好饲料的营养水平）。产蛋高峰期必须喂给足够的饲料营养，产蛋高峰料的饲喂必须无限制地从产蛋开始到42周龄让鸡自由采食，要使高峰期维持时间长就要满足高峰期的营养需要，能量摄入量是影响产蛋量的最重要营养因素，对蛋白质的摄入量反应只有在能量摄入受到限制时才表现显著。对蛋重来说，蛋白质中蛋氨酸摄入量是关键，最近资料也有报道，日粮中的含硫氨基酸对产蛋率极为影响，产蛋高峰是有阶段性，产蛋量就少，促高峰的关键是促营养。

五、产蛋后期饲养管理

当鸡群产蛋率由高峰降至80%以下时,就转入了产蛋后期的管理阶段。

1. 产蛋后期的管理特点

(1)鸡群产蛋性能逐渐下降,蛋壳逐渐变薄,破损率逐渐增加。

(2)鸡群产蛋所需的营养逐渐减少,多余的营养有可能变成脂肪使鸡变肥。

(3)由于在开产后一般不再进行免疫,再到产蛋后期抗体水平逐渐下降,对疾病抵抗也逐渐下降,并且对各种免疫比较敏感,部分鸡开始换羽。

2. 营养调整

母鸡产蛋率与饲料营养采食量有直接关系,可根据母鸡产蛋率的高低,调整饲料能量的营养水平,降低日粮中的能量和蛋白质水平,但在调整日粮营养时要注意,当产蛋率刚下降时不要急于降低日粮营养水平,而要针对具体情况进行分析,排除非正常因素引起的产蛋率下降,鸡群异常时不调整日粮,在正常情况下,产蛋后期鸡群产蛋率每周应下降0.5-0.6%降低日粮营养水平应在鸡群产蛋率持续低于80%的3~4周以后开始,而且要注意逐渐过渡换料,增加日粮中的钙。

第四节 肉鸡的饲养管理

随着育种技术的不断进步,肉鸡的生产性能越来越高,商品肉鸡的生长中速度也越来越快,同时会导致了肉鸡对环境的适应能力和对疾病的抵抗力越来越低,饲养难度也就越来越高。另外,受到饲料因素、饲养管理因素等的影响,肉鸡的饲料报酬率降低,死亡率和淘汰率升高,最终会导致肉鸡养殖经济效益下降。因此加强肉鸡的饲养管理,掌握肉鸡养殖的技术要点,做好日常的管理,对于肉鸡养殖来说非常的重要。

一、加强管理

加强管理是肉鸡养殖的关键性工作,在进鸡前需要对鸡舍进行严格的冲刷,并进行全面的消毒处理,包括鸡舍的地面、墙壁、笼具、用具等都要彻底的清洗和消毒。如果是长距离运输的肉鸡需要及时的补充水分,让其从应激中缓解过来。

在日常的管理过程中要注意根据鸡群实际的情况进行科学的管理。对于肉雏鸡来说,要适时开饮、开食,并注意对于不愿意活动的鸡要进行人工驱赶,让其采食,但是要注意动作不可粗暴,要轻,以免鸡受到惊吓,发生应激反应。要合理的光照,不可随意的改变光照时间、光照强度和光源的位置,要使整个舍内的光照强度均匀。

二、合理饲养

肉鸡养殖对饲料的要求较高，要想达到理想的养殖效果，提高肉鸡的生长和增重速度，就需要提供适宜的饲料。肉鸡的饲料要求营养物质全面，配比均衡，一般要求高能高蛋白质水平，微量元素和维生素的量虽然较少，但是也不能缺乏或者不足。

在饲养方式的选择上肉鸡可以地面平养，因肉鸡大部分时间伏卧在垫料上，因此在选择这种饲养方式时，要求所选择的垫料要求材质干燥松软，吸水性强，不易霉变，常有切短的玉米秸、锯末、稻草等。要保持垫料清洁、干燥，水槽和料槽附近的垫料要勤换。以免肉鸡长时间与受到污染的垫料接触引发球虫病。

另一种饲养方式是网上平养，网上平养的优点是与地面隔离，肉鸡不与粪便接触，可以有效控制球虫病。在选择网的材料时宜选择塑料网或者竹夹板，一般不使用铁丝网，使用铁丝网易引起肉鸡患胸囊肿和腿病，影响肉鸡的生长发育和品质。还有一种方式是笼养，这种方式饲养肉易造成肉鸡严重的腿病和胸囊肿，造成商品合格率低，因此不建议采用。

三、控制环境

肉鸡养殖多为集约化、密集化养殖，饲养密度一般都较高，但是适宜的饲养密度需要根据具体的养殖情况来确定，一般地面平养饲养密度可以适当的低一些，网上平养饲养密度高一些，通风良好的情况下饲养密度可高一些，夏季高温饲养密度可低一些。

肉鸡天性敏感，尤其对高温表现的较为敏感，温度过高会造成肉鸡强烈的热应激反应，导致肉鸡的生长发育速度下降，生产性能降低，抵抗力下降。因此要做好环境温度的控制工作，确定鸡舍内的温度是否适宜要根据鸡的状态来确定，如果温度适宜则鸡群表现为安静采食，在鸡舍内分布均匀。

肉鸡对相对湿度的要求并不高，但是如果不适宜的相对湿度和不适宜的温度结合会对肉鸡造成极不利的影响，因此也要控制好鸡舍的相对湿度，一般保持在60%～65%即可。

合理的光照管理对于肉鸡来说非常的重要，光照程序一旦确定，不能轻易改变，否则会引起肉鸡生理功能紊乱，增加或者缩短光照时间要求逐渐的变化，让肉鸡有一个适应的过程，光照强度不宜过强，如果是开放式的鸡舍要注意做好适当的遮光处理，以免阳光直射或者光线过强。

肉鸡养殖的密度较大，并且多为封闭式饲养，舍内粪污和饲料发酵易造成舍内空气质量变差，易导致肉鸡患有呼吸系统疾病，因此要加强通风，保持鸡舍内空气新鲜。

四、解决保温与通风之间的关系

通风对于肉鸡养殖来说非常重要。但是在实际的养殖过程中，在冬春寒冷季节往往处理不好通风与保温之间的关系。因冬春气候寒冷，与舍内的温度差距这大，在这种情况下，既要做好通风换气的工作,也要保持好舍内的温度,这一问题是冬季饲养肉鸡的难点所在。在通风的同时,注意不能造成鸡舍内的温度忽高忽低,不能使肉鸡因温差过大造成应激反应,从而引发疾病。

因此在通风时要注意,通风口设计要求高于鸡背上方1.5 m以上,工作人员要根据天气的变化做好防寒保温的工作,鸡舍要防止漏风,防止有贼风进入。在通风时还要注意避免有穿蹚风。通风的时间可以选择在一天温度较高时段进行,并且在通风前可以适当的提高舍温,避免因通风而造成了舍温下降。

五、加强卫生管理

肉鸡的抗病能力较差,易受不良环境的影响而感染疾病,因此要加强鸡舍卫生的管理工作。无论是鸡场的大环境还是小环境尽可能的符合肉鸡的养殖条件。在场址的选择上要求地势高燥、交通便利、附近安静无噪音,远离污染源。舍场内要求各区分布合理,配备有消毒池、更衣室、工作室等,进出的车辆和人员都要经过严格的消毒。

在引进鸡苗时要注意从健康的种鸡场引鸡,防止发生垂直传播,将病原菌带入鸡场。要保持鸡舍的环境卫生,定期的消毒,要坚持带鸡消毒,并消灭蚊蝇、鼠害。对于病死鸡要进行无害化处理。

第五节 鸡场建设

一、鸡场场址的选择

场址的选择对鸡场的建设投资,鸡群的生产性能、健康状况、生产效率、成本及周围的环境都有长远的影响,因此,对场址必须慎重选择。

1. 地理位置

场址要交通方便,但又不能离公路的主干道过近,最少距主干道400m以上。场内外道路平坦,以便运输生产和生活物资。场址的选择还要考虑饲料来源。场址应远离居民点、其他畜禽场和屠宰场以及有烟尘、有害气体的工厂,以免环境污染。

2. 地势地形

地势要高燥,背风向阳,朝南或朝东南,最好有一定的坡度,以利光照、通风和排水。地面不宜有过陡的坡,道路要平坦,切忌在低洼潮湿之处建场,否则鸡群易发疫病。地形力求方正,以尽量节约铺路和架设管道、电线的费用,尽量不占或少占农田、耕地。

3. 土质

土质最好是含石灰质的土壤或沙壤土，这样能保持舍内外干燥，雨后能及时排除积水。应避免在黏质土地上修建鸡舍，另外，靠近山地丘陵建鸡舍时，应防止"渗出水"浸入。除土质良好外，地下水位也不宜很高。

4. 水源

鸡场用水要考虑水量和水质，水源最好是地下水，水质清洁，符合饮水卫生要求。

5. 日照充足

日照时间长对鸡舍保温、节省能源、产蛋及鸡群健康均有良好作用。另外，应考虑供电情况及周围环进疫情等

二、鸡场布局

鸡场总体布局的基本要求是：有利于防疫，生产区与行政区、生活区要分开，孵化室与鸡舍、雏鸡舍与成鸡舍要有较大的距离，料道与粪道要分开，且互不交叉；为便于生产，各个有关生产环节要尽可能地邻近，整个鸡场各建筑物要排列整齐，尽可能紧凑，减少道路、管道、线路等的距离，以提高工效，减少投资和占地。

大型养鸡场应有5个主要分区，即生产区、生活区、行政管理区、兽医防治区、粪便污水处理区。有条件的，应建鸡粪加工再生饲料车间。

行政区、生活区一般与场外通道连通，位于生产区外侧，并有围墙隔开，在生产区的进口处需设有消毒间、更衣室与消毒池，进入生产区的人员和车辆必须按防疫制度进行消毒。行政区包括办公室、供电室、发电室、仓库、维修车间、锅炉房、水塔、食堂等。大型专营蛋鸡场应设蛋库，办公室要临近鸡场大门，以便于对外联系，行政人员一般不进入生产区。锅炉房尽量位于鸡场的中心，以减少管道和热能的散失。

生活区和行政区位于主风向的上风向，以保持空气清新，距离最近鸡舍的边缘应有100m以上，以利于防疫。生活区应距行政区远一些。

料库、饲料粉碎和搅拌间应连成一体并位于生产区的边缘，以使场内外运输车辆分开，对防疫有利；可与耗料较多的成鸡舍、中雏舍邻近，以缩短进料和送料的距离。

变电控制室应位于生产区的中心部位，以便用最短的线路统一控制鸡舍的光照与通风等正常工作。

种鸡舍—孵化室—育雏舍—中雏舍—蛋鸡舍应该成为一个流水线，以合乎防疫要求的最短线路运送种蛋、初生雏和中雏。各种鸡舍的朝向一般是向南或东南，运动场在其南侧，密闭式鸡舍其纵轴最好与夏季主风向垂直，以利于通风。成鸡最好少受惊扰，特别是设有运动场的开放鸡舍，宜处于人员、车辆少到之处，以保持环境的安静。

雏鸡舍和成鸡舍最好以围墙隔开，成鸡舍要位于雏鸡舍的下风向，尽量避免成鸡舍对

雏鸡舍的污染。各栋鸡舍的间距，应本着有利于防疫、排污、防火和节约用地的原则合理安排，一般密闭式鸡舍间距 15~20m，开放式鸡舍间距还应根据冬季日照角度的大小和运动场以及通道的宽度而定。一般运动场的面积为鸡舍面积的 2~3 倍，通道 3m。通常开放式鸡舍的间距为鸡舍高度的 5 倍即足。

兽医防治区包括兽医室、解剖室、化验室、免疫试验鸡舍、病死鸡焚烧炉等。应处于生产区的下风向，距离鸡舍至少要 100m 以上。料道与粪道应该分别设在各鸡舍的两端。料道主要用于生产人员行走和运送料、蛋，通至生产区大门。粪道除用于送粪外也用于运送病、死鸡，应单独通往场外。建场绝不能把孵化、育雏舍设在低洼地方，也不应靠近粪便污水处理区。

三、鸡舍的类型与结构

1. 鸡舍类型

主要有开放式、半开放式和封闭式三种类型。

2. 鸡舍结构基本要求

（1）地基和地面

鸡舍地面应比外面高 20~30cm，地基应深厚、结实，在地下水位高和较潮湿地区，须将地基垫高或在地面下铺设防潮层；地面用水泥，除便于冲洗消毒外，还可防鼠。

（2）鸡舍结构

最好为砖瓦木结构或选用保温隔热效果好的材料，若屋顶为石棉瓦的，要求每隔 12m 开一个通风楼在脊部，屋顶为三层结构：最外层是石棉瓦，中间层是稻草，最里层是防水油毡纸或彩条布，地基、梁柱和屋顶的承受力要达到所在地区的最大防风、防洪和防雪要求。

（3）建筑尺码

按每间鸡舍批饲养量为 5000 只鸡设计，以屋檐至地面高度 2.6±0.1m，鸡舍长度不超过 60m，跨度不超过 9m 为宜。

（4）排水沟

距鸡舍墙角 30~50cm 处设置排水沟（宽 40cm，深 10cm），若鸡舍建在坡地上，上坡位还要开一条排水渠。

（5）消毒池

每个鸡舍门前至少配置脚踏消毒池/盆和消毒手盆各 1 个（固定脚踏消毒池采用水泥砌成，规格约长 50cm，宽 30cm，深 5cm）。

（6）运动场

要求绿化好，无积水，无杂草。

第三章 羊的饲养

第一节 羊的品种

一、绵羊的品种

1. 河北细毛羊

又名坝上细毛羊。产于河北丰宁。头大小适中，鼻梁隆起，公羊有角呈螺旋形；母羊无角或有角痕。颈粗而短。公羊有2个左右完全或不完全的横皱褶。胸深而宽，四肢粗壮强健，背腰平填，适于放牧。全身被毛白色。

其特点为，全闭合型，着生良好，头部绒毛生至两眼连线，额前似绒球，前肢被毛生至腕关节。后肢生至飞节，腹毛较短。其产肉、产毛性能良好。被毛同质，弯曲正常，油汗适中，呈白色或淡黄色，富有光泽，毛丛无干死毛及两型毛，且密度大，毛质细，产量高。肉质鲜嫩，味美可口。

2. 蒙古羊

中国数量最多、分布最广的粗毛绵羊品种，蒙古羊是我国三大粗毛羊品种之一，它具有生生命力强、适于游牧、耐寒、耐旱等特点，并有较好的产肉、脂性能。是我国宝贵的畜禽遗传资源之一。蒙古羊主要分布在内蒙古自治区。此外，东北、华北、西北各地也有不同数量的分布。

（1）品种特征

蒙古羊体质结实，骨骼健壮。头形略显狭长，鼻梁隆起，耳大下垂，公羊多有角，母羊多无角。颈长短适中。胸深，肋骨不够开张，背腰平直，体躯稍长。四肢细长而强健。短脂尾，尾长一般大于尾宽，尾尖卷曲呈"S"形。体躯毛被多为白色，头、颈与四肢多有黑色或褐色斑块。农区饲养的蒙古羊，全身毛被白色，公母羊均无角。品种性能分布在内蒙古中部地区的成年蒙古羊，公羊平均为69.7kg，母羊为54.2kg；农区的母羊为38.0kg；西部地区的公羊为47.0kg，母羊为32.0kg。分布在甘肃省河西地区的成年蒙古羊，公羊平均为47.40kg，母羊为36.50kg；陇东地区公羊为29.45kg，母羊为23.24kg。蒙古羊的毛被属异质毛。一般年剪毛2次，剪毛量，成年公羊为1.5～2.2kg，成年母羊为1～1.8kg。春毛毛丛长度为6.5～7.5cm。蒙古羊是我国三大粗毛羊品种之一，分布广，数量最多，为我国绵羊业的主要基础品种。它具有生命力强、适于游牧、耐寒、耐旱等特点，并有较好的产肉、脂性能。

（2）产地环境

蒙古羊原产蒙古高原。蒙古羊的产区由东北至西南成狭长形，大兴安岭与阴山山脉自东北向西南横亘于中部，北部为广阔的高平原草场，潜拔为700～1400m。南部的河套平原、土默川平原及西辽河平原、岭南黑土丘陵地带为主要农区。该区地处温带，为典型的大陆性气候，温差大，冬季严寒漫长，夏季温热且短，日照较长，热量分布从东北向西南递增。年平均气温，东北部为0℃左右，西南部为6～7℃；最冷（1月份）平均气温，东北部为-23℃，西南部为-10℃；最热（7月份）平均气温，东北部为18℃左右，西南部为24℃左右，年降水量，大部分地区在150～450mm，东部较湿润，西部干旱。大部分农区可以种植麦类、杂粮作物，部分地区种植甜菜、胡麻等，农副产品较为丰富。

草场类型自东北向西南随气候土壤等因素而变化，由森林、草甸、典型荒漠草原而过渡到荒漠。东部草甸草原，牧草以禾本科牧草为主，株高而密，产量高；中部典型草场，牧草以禾本科和菊科牧草为主。东部主要牧草有针茅、碱草和糙隐子草；中部多为针茅、糙隐子草和兔蒿组成的植被；向西小叶锦鸡儿逐渐增多。西部荒漠草原和荒漠地区植被稀疏，质量粗劣，以富含灰分的盐生灌木和半灌木为主，牧草有红砂、梭梭、珍珠柴等。

3. 小尾寒羊

小尾寒羊是我国乃至世界著名的肉裘兼用型绵羊品种，具有早熟、多胎、多羔、生长快、体格大、产肉多、裘皮好、遗传性稳定和适应性强等优点。4月龄即可育肥出栏，年出栏率400%以上；6月龄即可配种受胎，年产2胎，胎产2～6只，有时高达8只；平均产羔率每胎达266%以上，每年达500%以上；体重6月龄可达50kg，周岁时可达100kg，成年羊可达130～190kg。在世界羊业品种中小尾寒羊产量高、个头大、效益佳，被国家定为名畜良种，被人们誉为中国"国宝"、世界"超级羊"及"高腿羊"品种。它吃的是青草和秸秆，献给人类的是"美味"和"美丽"，送给养殖户的是"金子"和"银子"。它既是农户脱贫致富奔小康的最佳项目之一，又是政府飞扬工作的最稳妥工程，也是国家封山退耕、种草养羊、建设生态农业的重要举措。因之，近年来全国各地都在大力发展小尾寒羊，其数量目前已达200万只以上。

主要产于河北省沧州、邢台，河南省东部及山东省的西南部地区。品种特性：具有成熟早，早期生长发育快，体格高大，肉质好，四季发情，繁殖力强，遗传性稳定等特性。山东省西南部所产的羊较优。

生产性能：以山东省西南部地区所产的小尾寒羊为例，其体重平均周岁公羊为65kg，母羊为46kg；成年公羊为95kg，母羊为49kg。剪毛量平均公羊3.5kg，母羊2kg。性成熟早5-6个月就发情当年可产羔产羔率260~270%。

适合地区：东北、华北、西北、西南等地主要用途：该品种是我国发展肉羊生产或引用肉羊品种杂交培育肉羊品种的优良母本素材，发展羔羊肉生产。

4. 乌珠穆沁羊

乌珠穆沁羊产于内蒙古自治区锡林郭勒盟东部乌珠穆沁草原，故以此得名。主要分布在东乌珠穆沁旗和西乌珠穆沁旗，以及毗邻的锡林浩特市、阿巴嘎旗部分地区。乌珠穆沁羊属肉脂兼用短脂尾粗毛羊，以体大、尾大、肉脂多、羔羊生产发育快而著称。乌珠穆沁羊是在当地特定的自然气候和生产方式下，经过长期的自然和人工选择而逐渐育成的。

（1）外形特征

乌珠穆沁羊体质结实，体格大。头中等大小，额稍宽，鼻梁微隆起。公羊大多无角，少数有角，母羊多无角。胸宽深，肋骨开张良好，胸深接近体高的1/2，背腰宽平，后躯发育良好。肌肉丰满，结构匀称。四肢粗壮，有小脂尾。毛色以黑头羊居多，约占6.2%，全身白色者约占10%，体躯花色者约11%。

（2）生产性能

乌珠穆沁羊的饲养管理极为粗放，终年放牧，不补饲，只是在雪大不能放牧时稍加补草。乌珠穆沁羊生长发育较快，2.5~3月龄公、母羔羊平均体重为29.5和24.9kg；6个月龄的公、母羔平均达40kg和36kg，成年公羊60~70kg，成年母羊56~62kg，平均胴体重17.90kg，屠宰率50%，平均净肉重11.80kg，净肉率为33%；乌珠穆沁羊肉水分含量低，富含钙、铁、磷等矿物质，肌原纤维和肌纤维间脂肪沉淀充分。产羔率仅为100%。

乌珠穆沁羊适于终年放牧饲养，具有增膘快、蓄积脂肪能力强、产肉率高、性成熟早等特性，适于利用牧草生长旺期，开展放牧育肥或有计划的肥羔生产。同时，乌珠穆沁羊也是做纯种繁育胚胎移植的良好受体羊，后代羔羊体质结实抗病能力强，适应性较好。

5. 萨福克羊

萨福克羊（Suffolk）原产英国东部和南部丘陵地，南丘公羊和黑面有角诺福克母羊杂交，在后代中经严选择和横交固定育成，以萨福克郡命名。现广布世界各地。

（1）外貌特征

萨福克羊无角。头、耳较长，颈粗长，胸宽，背腰和臀部长宽平，肌肉丰富。体躯被毛白色，脸和四肢黑色或深棕色，并覆盖刺毛。

（2）品种性能

美国密歇根州州立大学的绵羊教研室认为这是"世界上生长最快的绵羊"。萨福克羊68日龄断奶重为54kg。120日龄体重为92kg，断奶后在60天内的生长速度为730g/天，饲料转化率为每公斤增重需要3.87kg饲料，第12肋骨的脂肪层厚度为0.21英寸，眼肌面积为3.71平方英寸。早熟，生长快，肉质好，繁殖率很高，适应性很强。繁殖率达到175%~210%。

（3）引种繁育

我国新疆和内蒙古等自治区从澳大利亚引入该品种羊，除进行纯种繁育外，还同当地粗毛羊及细毛杂种羊杂交来生产肉羔。现在随着互联网的发展，绵羊交易市场逐渐电子商务化，更多的绵羊养殖户、养殖场家愿意在像中国畜牧街这样较为有名的畜牧电子商务网站上进行绵羊品种的展示，对萨福克羊进行引种繁育，由于该羊早熟、产肉性能好，更多的养殖户用它来提高当地羊的产羔率，使羊肉生产水平和效率显著提高。

二、山羊的品种

1. 辽宁绒山羊

辽宁绒山羊原产于辽宁省东南部山区步云山周围各市县，属绒肉兼用型品种，因产绒量高，适应性强，遗传性能稳定、改良各地土种山羊效果显著而在国内外享有盛誉。现主要分布在盖州及其相邻的岫岩、辽阳、本溪、凤城、宽甸、庄河、瓦房店等地区。

（1）外形特征

辽宁绒山羊公、母羊均有角，有髯，公羊角发达，向两侧平直伸展，母羊角向后上方。额顶有自然弯曲并带丝光的绺毛。体躯结构匀称，体质结实。颈部宽厚，颈肩结合良好，背平直，后躯发达，呈倒三角形状。四肢较短，蹄质结实，短瘦尾，尾尖上翘。被毛为全白色，外层为粗毛，且有丝光光泽，内层为绒毛。

（2）生产性能

1）产肉性能：

辽宁绒山羊生产发育较快，1周岁时体重在25~30kg左右，成年公羊在80kg左右，成年母羊在45kg左右。据测试，公羊屠宰前体重39.26kg，胴体重18.58kg，内脏脂肪1.5kg，屠宰率为51.15%，净肉率为35.92%。母羊屠宰前体重43.20kg，胴体重19.4kg，内脏脂肪2.25kg，屠宰率为51.15%，净肉率为37.66%。

2）繁殖性能

辽宁绒山羊的初情期为4~6月龄，8月龄即可进行第一次配种。适宜繁殖年龄，公羊为2~6周岁，母羊为1~7周岁。每年5月份开始发情，9~11月份为发情旺季。发情周期平均为20天，发情持续时间1~2天。妊娠期142~153天。成年母羊产羔率110%~120%，断奶羔羊成活率95%以上。辽宁绒山羊的冷冻精液的受胎率为50%以上，最高可达76%。

（3）产毛性能

辽宁绒山羊所产山羊绒因其优秀的品质被专家称作"纤维宝石"，是纺织工业上乘的动物纤维纺织原料。其羊绒的生长开始于6月份，9月~11月为生长旺盛期，2月份趋于停止，4月份陆续脱绒。脱绒的一般规律为：体况好的羊先脱，体弱的羊后脱；成年羊先脱，育成羊后脱，母羊先脱，公羊后脱。一般抓绒时间在4月上旬至5月上旬。据国家动物纤维质检中心测定，辽宁绒山羊羊绒细度平均为15.35微米，净绒率75.51%，强度4.59g，伸直长度51.42%。绒毛品质优良。

辽宁绒山羊种用价值极高，尤其对内蒙绒山羊新品系的形成，做出了杰出的贡献。辽宁绒山羊在改良和提高我国各省区绒山羊品质方面，起着至关重要的作用，社会效益和经济效益巨大。

2. 内蒙古绒山羊

（1）产地及地理环境

内蒙古绒山羊产于内蒙古西部地区。产区地形复杂，山峦重叠，悬崖峭壁。气候变化大，十年九旱，为典型的大陆性高原气候。海拔在1500m以上。冬、夏温差大，冬季漫长而寒冷，年平均气温为3.1℃，1月份为-19.2~-29.9℃（极端最低为-33℃），7月份为27.2~35℃（极端最高为35.4℃），年降水量为199.1mm，年蒸发量为2455.1mm，无霜期为120天左右。高原地区地下水位一般深达80~120m以上，丘陵山区多溪流。植被以多年生禾本科植物及灌木、半灌木为主，有针茅、小禾草、冷蒿、芨芨草、藏锦鸡儿、狭叶锦鸡儿、山杏、山榆等。天然草场植被覆盖度低，产草量极不稳定。

（2）地理分布

内蒙古绒山羊分布于二郎山地区（巴彦淖尔市的阴山山脉一带，东部为乌拉尔山，中、西部为二郎山）、阿尔巴斯地区（鄂尔多斯高原西部的千里山和桌子山一带）和阿拉善左旗地区。

（3）品种特征

内蒙古绒山羊体质结实。公、母羊均有角，公羊角粗大，母羊角细小，两角向上向后向外伸展，呈扁螺旋状、倒八字形。背腰平直，体躯深而长。四肢端正，蹄质结实。尾短而上翘。全身毛被白色，由上层的粗毛和下层的绒毛组成。根据粗毛的长短，内蒙古绒山羊又分长毛型和短毛型两类。长毛型羊主要分布在山区，亦称山地型（又分细长毛和粗长毛两型）。此型羊体大，胸宽而深，四肢较短。毛被粗毛较长，达15.0~20.0cm以上。毛长而洁白，杂质少，光泽好，净绒率高。短毛型羊主要分布在梁地或沙漠、滩地一带。该型羊体质粗糙，两耳覆盖短刺毛，髯短，额毛少。毛短而粗，平均长度为8.0cm，绒毛短，较密。

（4）品种性能

内蒙古绒山羊成年公羊平均体高、体长、胸围和体重分别为：65.4cm，70.8cm，85.1cm，47.8kg，成年母羊分别为：56.4cm，59.1cm，70.7cm，27.4kg。内蒙古绒山羊剪毛量，公羊平均为570g，母羊平均为257g。抓绒量，成年公羊平均为385g，成年母羊平均为305克。绒毛长度，公羊平均为7.6cm，母羊平均为6.6cm。绒毛细度，公羊平均为14.6微米，母羊平均为15.6微米。粗毛长度，公羊平均为17.6cm，母羊平均为13.5cm。内蒙古绒山羊，皮板厚而致密，富有弹性，是制革的上等原料。制作的皮夹克，光亮、柔软、经久耐穿，颇受欢迎。长毛型绒山羊的毛皮与中卫山羊裘皮近似，可供制裘。内蒙古绒山羊所产山羊绒纤维柔软，具有丝光、强度好、伸度大、净绒率高的特点，所产羊肉细嫩。这种山羊抗逆性强，适应半荒漠草原和山地放牧。

3. 波尔山羊

波尔山羊是一个优秀的肉用山羊品种。该品种原产于南非，作为种用，已被非洲许多国家以及新西兰、澳大利亚、德国、美国、加拿大等国引进。自1995年我国首批从德国引进波尔山羊以来，通过纯繁扩群逐步向全国各地扩展，显示出很好的肉用特征、广泛的适应性、较高的经济价值和显著的杂交优势。

（1）波尔山羊的起源

关于波尔羊的起源，目前有几种起源的说法，一来自南非，二来自印度，三来自欧洲，现认为这三种来源均存在，实际上波尔羊真正命名是在1800年~1820年，据查波尔山羊是在南非经过近两个世纪的风土驯化、杂交选育而成的大型肉用山羊品种。早在19世纪初，随着羊场主的居住趋于安定，人们就开始对其所饲养的山羊的某些性状有目的地进行选择。经过约一个世纪的漫长选育，逐渐形成了具有良好体形、高生长率、高繁殖率、体躯被毛短、头部和肩部有红色毛斑和改良型山羊。自1959年7月南非成立波尔山羊育种者协会，并制定选育方案和育种标准，之后，波尔山羊的选育进入了正规化育种。最初的育种标准主要描述波尔山羊的形态特征，随着生产者认识和接受波尔山羊生产性能测定的优点，开始进入波尔山羊生产特征方面的选择阶段，最终形成了目前的肉用波尔山羊，定名为改良波尔山羊。

（2）波尔山羊的品种标准

1）头部

头部坚实，有大而温顺的棕色双眼，有一坚挺稍带弯曲的鼻子和宽的鼻孔，有结构良好的口与颚，至4牙时应完全相称，6牙以后有6cm突出，恒齿应在适宜的解剖学位置。额部突出的曲线与鼻和角的弯曲相应。角坚实，中等长度，渐向后适度弯曲，暗色，圆而坚硬。耳宽阔平滑，由头部下垂，长度中等。耳太短者不理想。

应排除的特征性缺陷：前额凹陷。角太直或太扁平。颚尖，长且位低，短基颚。耳折叠，突出且短。蓝眼。

2）颈部和前驱

适当长度的颈部且与体长相称。肌肉丰满的前驱。宽阔的胸骨且有深而宽的胸绡肌肉肥厚的肩部与体部和鬐甲相称，鬐甲宽阔不尖突。前肢长度适中与体部的深度相称。四肢强健，系部关节坚韧，蹄黑。应排除的特征性缺陷：太长或太短且瘦弱的颈部和松弛的肩大部了。

4.南江黄羊

南江黄羊是四川铜羊和含努比羊基因的杂种公羊，与当地母山羊及引入的金堂黑母羊进行复杂育成杂交，经过长期的选育而成的肉用型山羊品种，产于四川省南江县。南江黄羊不仅具有性成熟早、生长发育快、繁殖力高、产肉性能好、适应性强、耐粗饲、遗传性稳定的特点，而且肉质细嫩、适口性好、板皮品质优。南江黄羊适宜在农区、山区饲养。

第二节　羊舍的规划布局与建设

一、场址选择

（1）场址应符合畜禽规模养殖用地规划及相关法律法规要求。
（2）应建在水电供应有保障的区域且交通便利。
（3）羊场要建在土地、坚实、地势高燥、平坦、开阔、向阳背风、利于排水的地点。

二、场区布局

生活管理区应建设在场区常年主导风向上风处，管理区与生产区应保证有30m以上的间隔距离，生产区应设在场区的下风位置，应建设种公羊舍、空怀母羊舍、妊娠母羊舍、分娩羊舍、育成羊（羔羊）舍、更衣室、消毒室、药浴池、青贮窖（塔）等设施。粪污处理及隔离区主要包括隔离羊舍、病，死羊处理及粪污储存与处理设施。

三、羊舍及设备

主要应建设种公羊舍、空怀母羊舍、妊娠母羊舍、分娩，羊舍和育成羊（羔羊）舍。采用高床漏缝式羊舍，屋顶为双坡式，顶棚使用彩钢加隔热层或水泥机制瓦、青瓦。羊圈呈单列式或双列式排列修建。成年空怀母羊占有羊舍面积为 $0.8m^2$/ 只以上，种公羊为 $4m^2$/ 只以上，妊娠母羊为 $1m^2$/ 只以上，育成羊为 $0.6m^2$/ 只以上，根据需要建设分娩羊舍。

四、辅助设施

包括防疫设施、供水设施、供电设施、场内道路、饲草基地及草料库、饲料加工及仓库和药浴池等。

第三节 羊舍的设计与建设

一、羊舍

羊舍应选在地势高燥、排水良好，向阳的地方。羊舍地面要高出地面 20cm 以上。建筑材料应就地取材，总的要求是坚固、保暖和通风良好。羊舍的面积可根据饲养规模而定，一般每只羊要保证 1.0~2.0m^2。每间羊舍不能圈很多羊，否则很不好管理，并增加了传染疾病的机会。羊只多时，为方便饲养管理，应设饲饲养员通道，通道两侧用铁筋或木杆隔开，羊吃料和饮水时，从栏杆探出头采食或饮水。羊舍的高度视羊舍的面积而定，如果是封闭羊舍，高度要考虑阳光照射的面积。

二、运动场

羊舍紧靠出入口应设有运动场，运动场也应是地势高燥，排水也要良好。运动场的面积可视羊只的数量而定，但一定要大于羊舍，能够保证羊只的充分活动为原则。运动场周围要用墙围起来，周围栽上树，夏季有遮阴、避雨的地方。饲槽可以用水泥砌成上宽下窄的槽，上宽约 30cm，深 25cm 左右。水泥槽便于饮水，但冬季结冰时不好，也不容易清洗和消毒。用木板做成的饲槽可以移动，克服了水泥槽的缺点，长度可视羊只的多少而定，以搬动、清洗和消毒方便的原则。舍内走廊宽 130cm 左右．运动场墙高：小尾寒羊130cm；山羊 160cm 每个羊圈面积：480×450cm 对应每圈设一面积为 80×80cm 的后窗，对应每圈在脊上设一可开关风帽羊的占地面积：种公羊 1.5~2.0 米 2/头；空怀母羊 0.8~1.0m^2/头；妊娠或哺乳母羊 2.0~2.3m^2/头；幼龄羊 0.5~0.6m^2/头。

三、设计要点

尽量满足羊对各种环境卫生条件的要求，包括温度、湿度、空气质量、光照、地面硬度及导热性等。

也就是说，怎样才能既有利夏季防暑，又有利冬季防寒，怎样才能既有利保持地面干燥，又有利保证地面柔软和保暖就怎样设计。

符合生产流程要求，有利减轻管理强度和提高管理效率。也就是说，要能保障生产的顺利进行和畜牧兽医技术措施的顺利实施。设计时应当考虑的内容，包括羊群的组织、调整和周转，草料的运输、分发和给饲引水的供应及其为生的保持，粪便的清理，以及称重、防疫、试情、配种、接羔与分娩母羊和新生羔羊的护理符合卫生防疫需要，要有利预防疾病的传入和减少疾病的发生与传播。也就是说，通过对羊舍科学的设计和修建为羊创造了适宜的生活环境，这本身也就为防止和减少疾病的发生提供了一定的保障。结实牢固，造价低廉。也就是说，羊舍及其内部的一切设施都必须本着一劳永逸的原则修筑和建造。特别是像圈栏、隔栏、圈门、饲槽等，一定要修得特别牢固，以便减少以后维修的麻烦。不仅如此，在进羊舍修建的过程中还应尽量做到就地取材。

第四节　羊场配套设施建设（规模养羊必备）

随着肉羊规模化养殖的迅速发展，养殖场盲目建设的问题，越来越突出。甚至有的养殖场刚建好，就收到了土地管理部门的拆迁通知书。有些养殖场羊舍及设备结构不符合生产工艺流程，造成了生产过程中疫病难以控制，生产性能低下。

一、规模羊场选址的法定原则

1. 合法用地

《中国人民共和国畜牧法》规定：建设用地、一般用地可用以养殖场建设，基本农田不能用于养殖场建设。因此在建设养殖场之前，一定到所在乡镇土管所查清土地性质

2. 远离禁养区

《畜牧法》第四十条规定了禁止在一些区域内建设畜禽养殖场、养殖小区。县规划局有法定的规划，因此在建设养殖场之前，一定到县规划局查看县域整体规划。

3. 符合动物防疫条件

《中华人民共和国动物防疫法》第十九条规定了动物饲养场和隔离场所，动物屠宰加工场所，以及动物和动物产品无害化处理场所，应当符合的动物防疫条件。第二十条规定：养殖场经申请，通过县级以上畜牧兽医主管部门审核合格后，发给动物防疫条件合格证，申请人凭动物防疫条件合格证向工商行政管理部门申请办理登记注册手续。

4. 具备相应的养殖条件

《畜牧法》第三十九条规定了畜禽养殖场、养殖小区应具备的养殖条件，及要向养殖场、养殖小区所在地县级人民政府畜牧兽医行政主管部门备案，取得畜禽养殖代码。省级人民政府根据本行政区域畜牧业发展状况制定畜禽养殖场、养殖小区的规模标准和备案程序。

5. 科学选址

（1）地势较高（地下水位2m以下）、背风向阳、排水良好（坡度1～3%）、通风干燥，切忌在低洼易涝的地方建场。

（2）距其他养殖场区、居民区、铁路和主要公路和厂矿企业500m以上，切忌在发生过羊传染病的地方建场。

（3）水源充足、水质良好，切忌在水源污染、寄生虫横行的地方建场。

（4）交通方便，供电良好，网络通畅，切忌建在无路、无电、无讯号的死地方。

（5）为引进新品种建场，充分考虑生态条件尽可能满足引入品种的要求，羊场建在主要发展品种的中心产区，以便就进推广，避免大运大调。

二、规模羊场规划布局

羊舍结构符合羊群生产结构，要求：三区分开，净道、污道分开，羊舍布局符合生产工艺流程，即育成舍、母羊舍、羔羊舍、育肥舍分开，有运动场。一般合适规模为220只基础母羊，年出栏1000只占地20亩左右。

1. 羊场分区规划

通常将羊场分为三个功能区，即管理区、生产区、病羊管理区。分区规划时，首先从家畜保健角度出发，以建立最佳的生产联系和卫生防疫条件，来安排各区位置，一般按主风向和坡度的走向依次排列顺序为：生活区、办公管理区、饲草饲料加工贮藏区、消毒间（过往行人、车消毒，饲养用具消毒，羊春秋药浴、夏季冲凉降温，治疗皮肤病等作用）、羊舍、病羊管理区、隔离室、治疗室、无害化处理设施、沼气池、晒草场、贮草棚等。各区之间应有一定的安全距离，最好间隔300m，同时，应防生活区和管理区的污水流入生产区。

2. 羊场建筑布局

羊的生产过程包括种羊的饲养管理与繁殖、羔羊培育、育成羊的饲养管理与肥育、饲草饲料的运送与贮存、疫病防治等，这些过程均在不同的建筑物中进行，彼此间发生功能联系。建筑布局必须将彼此间的功能联系统筹安排，尽量做到配置紧凑、占地少，又能达到卫生、防火安全要求，保证最短的运输、供电、供水线路，便于组成流水作业线，实现生产过程的专业化有序生产。

3. 羊用运动场与场内道路设置

运动场应选在背风向阳、稍有坡度，以便排水和保持干燥。一般设在羊舍南面，低于羊舍地面60cm以下，向南缓缓倾斜，以砖扎或沙质壤土为好，便于排水和保持干燥，四周设置1.2～1.5m高的围栏或围墙，围栏外侧应设排水沟，运动场两侧（南、西）应设遮阳棚或种植树木，以减少夏季烈日暴晒，面积为每只成年羊4m²；羊场内道路根据实际定宽窄，即方便运输，又符合防疫条件，要求：运送草料、畜产品的路不与运送羊粪的路通用或交叉，兽医室有单独道路，不与其他道路通用或交叉。

4. 各类羊舍

（1）配种羊舍

也叫成年羊舍，种公羊、后备羊、怀孕前期羊（3月）在此舍分群饲养，一般采用双列式饲养，种公羊单圈，青年羊、成年母羊一列，同一运动场，怀孕前期一列、一个运动场。敞开、半敞开、封闭式都可，尽量采用封闭式。

（2）羊娩羊舍

怀孕后期进入分娩舍单栏饲养、每栏 $2m^2$ 左右，分娩栏 $4m^2$，每百只成年羊舍准备15个，羊床厚垫褥草，并设有羔羊补饲栏。一般采用双列式饲养，怀孕后期母羊一列、同一运动场，分娩羊一列、一个运动场，敞开、半敞开、封闭式都可，尽量采用封闭式。

（3）羔羊舍

羔羊断奶后进入羔羊舍，合格的母羔羊6月龄进入后备羊舍，公羔至育肥后出栏，应根据年龄段、强弱大小进行分群饲养管理。关键在于保暖，采取封闭式，双列、单列都可。

因槐山羊采用全价颗粒饲料或混合料，所以各类羊舍只设料槽，根据羊的大小设计料槽的高低，饮水设备准备充足，用水槽、水桶、自动饮水器都行。

羊舍分类不是绝对的，也可分：羔羊舍、育肥羊舍、配种舍（种公羊、后备羊、空怀母羊）、怀孕前期羊舍、怀孕后期羊舍，设计时可单列或双列饲养，羊舍尽量不要那么复杂，管理方便即可。

三、羊舍设计参数

1. 羊舍及运动场面积

羊舍面积应根据羊的数量和饲养方式而定，面积过大，浪费土地和建筑材料，单位面积养羊的成本会升高；面积过小，羊拥挤、环境质量差，不利于饲养管理和羊的健康。总体上按照 1∶1.53 计算。

2. 羊舍温度和湿度

冬季产羔舍最低温度应保持在10℃以上，一般羊舍0℃以上，夏季舍温不应超过30℃。羊舍应保持干燥，地面不能太潮湿，空气相对湿度应低于70%。

3. 通风与换气

对于封闭式羊舍，必须具备良好的通风换气性能，能及时排出舍内污浊空气，保持空气新鲜。

4. 采光

采光面积通常是由羊舍的高度、跨度和窗户的大小决定的。实际设计时，应按照既利于保温又便于通风的原则灵活掌握。

5. 长度、跨度和高度

羊舍的长度、跨度和高度应根据所选择的建筑类型和面积确定。单坡式羊舍跨度一般为 5~7m，双坡单列式羊舍为 6~8m，双列式为 10~12m；羊舍檐口高度一般为 2.4~3.0m。

四、羊舍的基本结构

1. 地面

是羊躺卧休息、排泄和生产的地方，有实地面和漏缝地面两种。实地面又建筑材料不同有：夯实黏土、三合土（石灰、碎石、黏土为 1：2：4）、砖地、水泥地。夯实黏土地面造价低，易潮湿和不便消毒，三合土地面较黏土地面好；水泥地面，不保暖、太硬，便于清扫和消毒；砖扎地面，保暖，也便于消毒，但成本高。漏缝地面可以给槐山羊提供干燥的卧床，用软木条或镀锌钢丝网材料做成，镀锌钢丝网眼要略小于羊蹄面积，以免羊蹄漏下伤羊。

2. 墙

河南省沈丘县多采用砖墙，有 18 和 24 墙，墙越厚保暖性越强。也有采用金属铝板、胶合板、玻璃纤维材料建成保温隔热墙，效果很好。

3. 门、窗

一般门宽 2.5~3m，高 1.8~2m，可设双扇门，便于车辆进出运送草料和清扫羊粪，一般 200 只羊设一个大门。窗：一般宽 1.2~2.7m，高 0.7~1.5m，窗台距地面高 1.3~1.5m。窗口越大室内越亮，羊舍采光越好。

4. 房顶

房顶具有防雨水和保暖隔热作用。其材料有大瓦、石棉瓦、油毡、塑料薄膜、金属板等，有平顶、单坡、双坡，羊舍越高羊舍内空气越好。

5. 羊床的基本建设设计

对羊进行高床舍饲的羊床，包括床体和活动饲槽，床体的基架高 50~80cm，宽 150~170cm，基架之上前方是栅栏状前栏，高 100~120cm，栏间形成的颈夹宽 8~10cm，中间有供羊头颈伸出的孔洞，基架上平铺漏粪板，板间具有 2~3cm 的间距，活动饲槽安装于前。羊床材料选择：根据当地实际情况选择，也可到专业生产厂家定制生产。

五、羊舍类型

1. 长方形羊舍

比较实惠、实用，建筑方便，舍前的运动场可根据分群饲养需要再分割成若干小圈，羊舍面积根据羊群大小、每只羊应占面积及饲养方式决定。

2. 棚、舍结合羊舍

羊舍有封闭式、半敞开式，羊群平时在羊圈或在三面有墙、前面敞开的羊棚内过夜，冬季产羔时再进入羊舍。

六、典型羊舍

1. 封闭型单列式

房顶可楼板建成平顶或者用檩瓦建成单坡（或双坡）。羊舍东西长一般在30～50m，南北宽6～7m，平房高度3.5～4m，单坡房南面顶高4m、北面墙高2.5～3m，较为合适；两头留门，门口宽1.2～1.5m，高2～2.5m；南墙1.5m高处安窗，窗高1.5～1.7m，宽2.5～2.7m，并留一个1.2m高，0.8m宽的小门，羊从此门进入运动场；依南墙建一个宽8～10m的运动场，距前排羊舍2m，留门，运动场内可设水槽和料槽；北墙相应留窗；羊舍内，北面留1.2m的人行道，南面建羊床，东西长一间房3.3m，南宽4.5～5m，饲养10只羊，每只羊占羊床面积1.5m^{2}以上，羊床高出地面50cm，挖深1m，用砖砌成底部锅型，上部长方形，以便放羊床，羊床采用厚竹板或者木结构都可以，要求有一定的结实度、耐腐蚀；羊栏钢管结构或者木结构，决不能用砖垒，影响通风，靠路栏内设有水槽、料槽、小门。

2. 封闭型双列式

平房和檩瓦结构的双坡顶，双列式饲养。羊舍东西长30～50m，南北宽10米，高3.5～4m，两头中间留1.2～1.5m的门，中间留1.2m的人行道，羊床双列，建设同单列式，只是两排羊舍之间的距离有所改变，达到17～18m，各依本羊舍南北墙设有6～8m宽的运动场，两运动场之间留有1.2～2m的人行道，运动场要用钢管或者小水泥板（柱）做，通风性高，观察羊方便。

羊在怀孕后期、分娩后10天，需要单栏饲养，需要建怀孕舍和分娩舍，由于槐山羊怀孕期5个月，一般分娩后一个月发情配种，正好是6个月，加上7～9月受胎率又低，羊都是集中繁殖，进怀孕舍、分娩舍后，原来的羊舍大部分闲置，所以说给羊建分娩舍（怀孕后期转入）只占羊场基础母羊的25%，只有采用活动栏，进行隔离，绝对的隔离是不存在的，因为羊要运动、放牧，只有在吃食时隔离就行了。因此，在建羊场时，要考虑单栏饲养，多建一些羊舍，多做一些活动栏，进行隔离，减少不必要的损失，一般每只基础母羊占羊床2m^2，就能满足单栏隔离饲养的需要。

3. 敞开式羊舍

除南面无墙外，其他3面都有墙，运动场直接与羊舍相连，只有单列式饲养，房顶采用单坡或双坡，南面高 3.5~4m，北面高 2.5~3m。

4. 半敞开式单列

羊舍顶部多采用单坡，也有平顶和双坡的，羊舍高度 3.5~4m，宽 6~8m，南面墙高 1.2~1.5m，每 3.3m 留一个门，直接与运动场相连，其他 3 面完好，北面留窗。羊舍两头留门，靠羊舍北面留 1.2m 人行道，南面建羊床，每间房用羊栏隔开，也可不建羊床；有的羊舍两头不留门，直接从运动场进入羊舍，靠北面建羊栏或者建羊床；有的 1~2 间用砖墙隔开，羊栏、羊床都不要，羊舍之间距离 10~12m。

5. 半敞开双列式

双坡、平顶都有，羊舍高 3.5~4m，羊舍宽 10m，东西两头留 1.2~1.5m 的门，中间是人行道，南北两墙都是 1.2~1.5m 高，每 3.3~10m 留一个 1.2m 的门，直接与运动场相连，运动场 6~8m，于前排运动场中间留 1.2~1.5m 的人行道，羊舍内用羊栏隔开，每个栏面积为东西长 3.3m、南北宽 4.5~5m。也有使用羊床的。

第五节　羊的选种与选配

一、选种

只有不断地在育种过程中培育生产性能优良的种羊用以扩大繁殖，才能提高经济效益。由此看来，选种是实现选育的基础以及前提。

1. 选种的根据

选种在个体鉴定的基础上，根据羊的体型外貌、生产性能、后代品质、血统四个方面进行。

（1）体型外貌

体型外貌在纯种繁育中非常重要，凡是不符合本品种特征的羊不适合用来选种。除此以外，体型也会影响生产性能，如果忽视了体型的作用，生产性能全部依靠实际的生产性能测定来完成，就需要时间，造成浪费。比如产肉性能、繁殖性能的某些方面，就可以用体型来选择。

（2）生产性能

羊的生产性能指的是羊的体重、早熟性能、繁殖能力、泌乳能力、产毛量、屠宰率以及羔羊裘皮的品质。

羊的生产性能，可以通过遗传传给后代，因此选择生产性能好的种羊是选育的关键环

节。但是想要在各个方面都比其他的品种优秀,是不可能实现的,因此突出主要的优点即可

(3)后代品质

种羊本身是不是具备了优良的性能这是选种的前提条件,但这仅仅是一个方面,比这更为重要的是其优良性状能否遗传给后代。如果种羊的优良性状不能遗传给后代,则不能继续作为种用。同时在选种过程中,要不断地选留那些性能好的后代作为后备种羊。

(4)血统

血统指的是羊的系谱,一般依据血统来进行种羊的选择,血统不仅能提供种羊亲代的有关生产性能的资料,而且记载着羊只的血统来源,对正确地选择种羊很有帮助。

2. 选种的方法

(1)鉴定

选种需要建立在对羊只的鉴定的基础上。羊只的鉴定包括个体鉴定以及等级鉴定两方面,都按鉴定的项目和等级标准准确地进行确定等级。个体鉴定要有按项目进行的每一项的记载,等级鉴定时不需要进行具体的个体记录,只需要列出等级编号即可。需要个体鉴定的羊包括特级、一级公羊和其他各级种用公羊,准备出售的成年公羊和公羔,特级母羊以及被指定作为后裔测验的母羊和它的羔羊。排除需要做个体鉴定的羊,其余均需要做等级鉴定。等级标准可根据育种目标的要求制定。

羊的鉴定一般充分表现在体型外貌和生产性能方面,而且有可能是在作出正确判断的时候进行。公羊一般在到了成年,母羊第一次产羔后对生产性能予以测定。为了培育优良羔羊,需要在羊初生期、断奶期、6月龄以及周岁的时候都作出鉴定,适合做裘皮的羔羊,需要在其羔皮和裘皮品质最好时进行鉴定。后代的品质也要进行鉴定,主要通过各项生产性能测定来进行。选种的一项重要依据就是对后代品质的鉴定。只有后代符合标准,其母羊才能作为种用,凡是不符合要求的及时淘汰。除了对个体鉴定和后裔的测验之外,对种羊和后裔的适应能力、抗病能力等方面也需要进行相关考察。

(2)审查

通过审查血统,可以得出选择的种羊与祖先的血缘关系方面的结论。血统的审查需要有详细的记载,所有自繁的种羊都需要作出详细的记载。在购买种羊的时候应该向出售单位和个人索取卡片资料,在缺少记载的情况下,只能根据羊的个体鉴定作为羊选种的根据,不能审查血统。

(3)选留后备种羊

为了选种工作顺利进行,选留好后备种羊是非常必要的。后备种羊的选择应从以下几方面考虑。①选窝。选窝即看羊的祖先,观察优良的公母羊交配的后代,在全窝都发育良好的羔羊中选择。母羊需要第二胎以上的经产多羔羊。②选择个体。首先选初生重以及

各生长阶段都体尺好、增重快速、发情早的羔羊。③选择后代。观察种羊所产后代的生产性能,是不是将父母代的优良性能传给了后代,凡是没有这方面的遗传,都必须淘汰。

关于后备母羊的数量,应该多出需求量的2~4倍,而后备公羊的数量也要多于需求量,防止在育种过程中有不合格的羊不能种用而数量不足。

3. 选种标准

选种的标准应该根据育种的目标,在羊的外貌体型、体尺体重、生产性能、产肉率、产羊率、泌乳能力、早熟性能、裘皮性能、产毛性能方面进行。

二、选配

选种只是对羊只的品质进行选择,选择出的种羊需要通过选配的方式巩固选种的效果。因此,选配是选种的继续,是育种工作中有机联系的重要方面。

1. 选配的原则

选配应该紧密地和选种相结合,选种时需要考虑到选配的需要,为选配提供必要的相关资料;选配要与选种紧密地结合起来,选种要考虑选配的需要,为其提供必要的相关资料;选配要配合选种,固定公母羊的优良性状,遗传给后代。

于要用最好的公羊选配最好的母羊,但要求公羊的品质和生产性能必须高于母羊,较差的母羊需要尽可能地和质量较好的公羊进行交配,可一定程度地改善其后代,一般情况下,二、三级公羊不能作种用,不允许有相同缺点的公母羊进行选配。

要想最好地扩大利用种公羊,必须进行后裔测验,在遗传性状没有证实之前,选配时可根据羊体型外貌和生产性能进行。

榆种羊的优劣需要根据后代的品质进行判断,因此需要进行详细而系统的记载。

2. 选配的方法

(1) 同质选配

同质选配指的是含有相同生产特性或者优点的公母羊进行的交配,其目的在于巩固和提高共同的优点。同质选配能使后代保持和发展原有的特点,使遗传性趋向稳定。但是如果过分地关注同质选配的优点,容易导致个别方面发育过度,致使羊的体质变弱,生活能力降低。因此在繁育过程中的同质选配,可根据育种工作的实际需要而定。

(2) 异质选配

异质选配指的是含有不同优点或者生产性状的公母羊进行的配种,或者好的种公羊与具有某些缺点的母羊相配种,其目的在于使其后代能结合双亲的优点,或者弥补母羊的一些缺点。这种选配方法,其优缺点在一定程度上和同质选配相反。

(3) 个体选配

个体选配指的是在羊的个体鉴定的基础上进行选配。它主要是根据个体鉴定、血统、生产性能以及后代品质等方面决定进行交配的公母羊。对于一些完全符合育种标准、生产性能达到理想要求的优秀母羊，可以选择两个类型的公羊。一是同质选配，使其后代的优良品质更加理想而稳定；二是异质交配，可获取包含父母代羊只不同优良品质的后代。

（4）等级选配

是根据每一个等级母羊的综合特征选择公羊，以求获得共同优点和共同缺点的改进。

（5）亲缘选配

亲缘选配指的是包含一定血缘关系的公母羊进行交配。亲缘选配的优点是可以稳定遗传性状，但是亲缘选配容易引起后代的生活能力降低，羔羊体质弱，体格变小，生产性能低。

为了防止不良后果的发生，亲缘选配应该采取以下措施：一是进行严格的选择和淘汰。必须根据体质和外貌来选配，使强壮的公母羊配种可以减轻不良后果。亲缘选配生成的后代需要进行仔细地鉴别，选择体质健壮而结实的个体继续作为种羊。所有生活能力低，体质弱的个体应予以淘汰。二是血缘更新，是把亲缘选配的后代和没有血缘关系，并在不同条件下培育的相同品种进行选配，可以得到生活能力强、生产性能优越的后代。

三、纯种繁育

1. 品系繁育

羊的品系指的是某一品种内含有共同特点，相互之间有亲缘关系的个体组成的具有稳定的遗传性状的群体。

（1）建立基础群

建立基础群，一是按血缘关系组群，二是按性状组群。按血缘组群，首先对羊进行系谱分析，了解公羊的后裔特点以后，选择优秀的公羊后裔建立基础群，不过后裔中不具备该品系特点的不应留在基础群。这种组群方法在遗传力低的中采用。

按性状分群，主要是依据性状表现建立基础群。这种方法主要是根据个体表现来组群。按性状组群在羊群的遗传力高的前提下采用。

（2）建立品系

基础群建立之后，一般把基础群封闭起来，只在基础群内选择公母羊进行交配，每代都按照品系特点进行选择，逐代淘汰不符合标准的个体。优秀的公羊尽可能地扩大利用率，质量较差的不配或少配。亲缘交配在品系形成中是不可缺少的，一般只作几代近交，之后再采用远交，待遗传性状稳定、特点突出之后才能确定纯种品系的育成。

2. 血液更新

血液的更新指的是把含有相同的生产性能和遗传性能，但是来源不接近的同一品系的种羊引进另外一个羊群。由于这样的公母羊属于同一品系，仍是纯正种繁育。

血液更新应该在以下几种情况下进行：

（1）在一个羊群中或羊场中，由于羊的数量较少而存在近交产生不良后果。

（2）新引进的品种因环境的改变，生产性能降低。

（3）在羊群质量达到一定水平，生产性能及适应性等方面呈现停滞状态时。血液更新中，被引进的种羊具有优良的体质、生产性能以及适应能力。

四、杂交改良

杂交方法包括导入杂交、级进杂交以及经济杂交。

1. 导入杂交

当某些缺点在本品种内的选育无法提高时可采用导入杂交的方法。导入杂交应该在生产方向相同的前提下进行。

用于改良的品种和原品种的母羊进行一次杂交之后再进行1~2次回交，以获得含外血1/4~1/8的后代，用以进行自群繁育。导入杂交在养羊业中能否得到广泛的应用，很大程度上依靠于用于改良的品种的选择、杂交过程中的选取、选配以及羔羊的培育条件等方面。在导入杂交时，选择品种的个体很重要。因此要选择通过后裔测验以及具有优良的特征外貌、配种能力的公羊，同时为杂种羊创造出优越的饲养管理条件，并进行细致的选配。此外，还要加强原品种的选育工作，以保证供应好的回交种羊。

2. 级进杂交

级进杂交也叫改进杂交和吸收杂交。用于改良的公羊和当地的母羊进行杂交后，从第一代杂种开始，以后各代所产母羊，每代继续用原改良品种公羊选配，到3~5代后其杂种后代的生产性能差不多和改良品种的类似。杂交后代基本达到杂交目的以后，可以停止杂交。符合要求的杂种公母羊可以横交。

3. 经济杂交

经济杂交指的是使用两个品种中的一代杂种提供产品却不作为种用。一代杂种具有杂种优势，所以生活能力强，生长发育快，在肥羔肉生产中经济应用。经济杂交的优点是第一代杂种的公羊羊羔生长速度快，可作为商品肉进行生产，而第一代杂种的母羊不仅可以作为肉羊，也可以作为种用提高生产性能。

五、育种计划和记载

育种的工作需要系统而有计划地展开。关于育种计划，应该结合环境、饲养管理的条件以及市场需要而制订。要制定育种目标、引种、繁育、生产性能的测定等方面。同时，在育种的过程中作好记录，为育种提供有效的依据。

第六节 羊的饲养管理

一、种公羊的饲养管理

饲养管理好种公羊,使其膘体保持适中、精力旺盛、性欲强、精液品质优良,从而提高配种效果,延长种公羊使用寿命。

1. 饲养

种公羊的饲养应根据其膘体、精液质量好坏、配种需要、性欲、食欲强弱不断调整饲养水平。在配种淡季或非配种期以放牧饲养为主配种旺季,在放牧饲养同时,应适当补充适口性好,富含蛋白质、维生素、矿物质的混合精料和青干草。混合精料每天每只补饲 0.1kg~0.3kg,若 1 天配种三四次,每天还要补喂一二只鸡蛋。

2. 管理

种公羊要单独放牧、关养,不与母羊混群。放牧时应防止树桩划伤阴囊。单栏关养面积要求 $1m^2$~$1.2m^2$ 适龄配种。青年公羊在 4 月龄~6 月龄性成熟,6 月龄~8 月龄体成熟,方宜配种适度配种。每天配种一二次为宜,旺季可日配种三四次,但要注意连配 2 天后休息 1 次保证运动量。舍饲时应保证每天至少运动 6 小时。

二、种母羊的饲养管理

1. 饲养

哺乳母羊断奶后应充分放牧,加强饲养,使其迅速恢复体况。在配种前 10 天~15 天进行短期优饲,日补饲精料 0.2kg 及适量的胡萝卜素或维生素,力争满膘配种。配种后 7 天~10 天给予短期优饲,以后 3 个月营养水平要求和配种前差不多,但营养更全面怀孕后期合理补饲混合精料、优质青草、干草以及块根多汁饲料等。母羊产仔后,最初几天主要采取舍饲方式,以优嫩草、干草为主,同时喂米汤,让其自由饮用,并根据膘体情况灵活补饲豆渣、豆浆等,每天 0.5kg。但体况好、乳汁充足的羊可少补或不补。产后 15 天~20 天,在原有饲料和充分放牧的基础上,每天补饲精料 0.3kg~0.5kg,尽量喂给优质青绿饲料,1 个月后逐渐减少精料。

2. 管理

怀孕后期母羊要单栏。关养,放牧时应选择平坦的优质草场,但要避免吃霜冻草和寒露草,防止走远路,忌驱赶、殴打羊群,避免羊群拥挤、斗架。补料时不饲喂青贮饲料产仔母羊哺乳最初几天，尽量少放牧，不到灌木丛、荆棘中去，以免刺伤乳房。带仔母羊继续单栏饲养。

三、羔羊的饲养管理

哺乳期羔羊的培育分为初乳期（出生5天），常乳期（6～60天）和由奶到草料的过渡期（61～90天）。

母羊产后5天以内的乳叫初乳，初乳营养丰富，对羔羊的生长发育有极其重要的作用，还有助于排出胎粪，因此，应让羔羊尽量早吃、多吃初乳，吃得越早，吃得越多，增重越快，体质越强，发病少，成活率高。初乳期最好让羔羊随着母羊自然哺乳，5天以后再改为人工哺乳。如果人工哺育初乳，从生后20～30分钟开始，每天4次，喂量从0.6～1.2kg，逐渐增加。

常乳期（6～60天）这一阶段，奶是羔羊的主要食物。从初生到45日龄，是羔羊体重增长最快的时期；从出生到75日龄是羔羊体重增长最快的时期。羔羊小时候增长快，营养需要量大，给奶量少了就不能满足其营养需要。而它能吃草后，瘤胃开始增大，给大量的奶，使它不愿吃草，又会影响胃肠发育。

羔羊生后两个月内，其生长速度与吃奶量有关，它每增重1kg需奶6～8kg。整个哺乳期给80kg奶，平均日增重母羊不低于140g，公羔不低于160g。人工哺乳时，首先遇到的问题就是教会羔羊用碗、奶瓶或哺乳器吃奶，称之为教奶。教吃奶时先让羔羊饥饿半天，一般是下午离开母羊，第二天早上教。开始教吃奶时一手抱羊，一手拿碗，使羊嘴伸入碗中饮奶。人工哺乳，从10日龄起增加奶量，25～50天奶量最高，50天后逐渐减少给量。

从10日龄后开始给草，将幼嫩的青草、干草捆成把吊于空中，让小羊自由采食。生后20天开始教吃料。在饲槽里放上用开水烫过的料，引导小羊去啃，反复数次就会吃料了。40～50天后减奶加料，若料吃不进去就会影响生长发育。

奶与草料过渡期（61～90天），开始奶与草料并重，注意日粮的能量、蛋白质营养水平和全价性，日粮中可消化蛋白质以16%～20%为佳，可消化养分以74%为宜。后期奶量不断减少，以优质干草与精料为主，全奶仅作蛋白质补充饲料。

在2个月以前饮温开水，2个月以后至断奶饮凉开水，4个月龄后，天气暖和时可饮新鲜的自来水。

羔羊初乳期以后，可以喂给人工乳。人工乳配方如下：脱脂奶粉68%，动物油18%，鱼粉6%，大豆粕4%，糖蜜4%，维生素A4000IU/kg，维生素D1000IU/kg，维生素E250IU/kg，新霉素70mg/kg。

四、育肥羊的饲养管理

1. 饲养

选择产草量高、草质优良的草场，放牧育肥，放牧时间要求冬春每天 4h ~ 6h，夏秋 10h ~ 12h，保证每天吃 3 个饱肚在枯草季节或放牧场地受到限制时，可利用氨化秸秆、青贮饲料、微贮饲料、优质青干草、根茎类饲料、加工副产品以及精料对山羊进行舍饲育肥实行半舍饲、半放牧、采青与补料相结合的办法育肥。

2. 管理

育肥前整群驱虫，公羊去势放牧采用冬阳夏荫方式，夏秋季要选择荫凉地方，冬春季选择向阳温暖地方放牧，同时注意饮水和补充食盐，防止感染寄生虫，避免吃寒露草和霜冻草饲喂氨化饲料和青贮饲喂料要掌握用量，谨防氨中毒和酸中毒。氨化饲料饲前通风二三天，待无刺鼻氨味后方可饲喂。

第四章 肉牛的饲养

第一节 肉牛的饲料与调制技术

饲料是发展养牛生产的物质基础。为了科学合理地利用饲料及日粮配合，了解牛常用饲料的种类和营养特性十分必要：对牛饲料进行适宜的加工调制，可提高饲料的适口性，改善饲料的瘤胃发酵特性，消除饲料中的抗营养因子，提高饲料的利用率。此外，科学的选择饲料和日粮配方，对牛生产性能的提高、产品品质的改善和安全生产具有重要的意义。

一、肉牛常用饲料

牛常用饲料包括青绿饲料、青贮饲料、粗饲料、能量饲料、蛋白质饲料、矿物质饲料、维生素饲料和饲料添加剂：

1. 青绿饲料

青绿饲料是指天然水分含量60%及其以上的青绿多汁植物性饲料，常见的青绿饲料有天然牧草、栽培牧草、青饲作物、树叶类饲料、叶菜类饲料、水生饲料等。

（1）天然草地牧草

按植物分类，主要有禾本科、豆科、菊科和莎草科四大类—豆科牧草营养价值最高。禾本科牧草虽然营养价值较低，但因它是构成草地植被的主体，产量高、再生力强、耐牧、适口性好，因此，也不失为一类较好的牧草。菊科牧草多具特异味，牛不喜采食。天然草地牧草的营养价值随季节有很大变化。

（2）青饲作物和栽培牧草

主要有青饲玉米、高粱、大麦、燕麦、黑麦草、无芒雀麦、苜蓿、草木樨、紫云英等。在禾本科青绿饲料中以青饲玉米品质最好，老化晚，饲用期长，收获晚些干物质单位面积产量增加。青饲玉米柔软多汁，适口性好。青饲高粱也是牛的好饲料，特别是甜高粱。

青饲大麦是优良的青绿多汁饲料。生长期短、分蘖力强、再生力强。通常于孕穗至开花期收割饲喂。开花期以后老化，品质下降。

燕麦叶多茎少，叶宽长，柔嫩多汁，适口性好，是一种很好的青绿饲料。收获期对营养成分影响不大，从乳熟期至成熟期均可收获。

黑麦草适于在我国河南、河北、陕西、山东等地栽培，特点是生长快，分蘖力强，茎叶柔软光滑，品质好，适口性也好。1年可多次收割。饲喂牛应在抽穗前或抽穗开花期收割。

无芒雀麦是多年生草本植物，抗旱，耐寒，耐碱。由于分蘖力强，耐践踏，故适于放牧利用。适时刈割营养价值接近豆科牧草。

苜蓿为豆科多年生草本植物，品质好，产量高，适应性强，不论青饲、放牧或调制干草均可利用，被誉为"牧草之王"。苜蓿粗蛋白质含量高，且消化率可达70%~80% 另外，苜蓿富含多种维生素和微量元素，同时，还含有一些未知促生长因子，对奶牛泌乳具良好作用。苜蓿1年可收割几茬。但苜蓿茎木质化比禾本科草早且快。通常认为有1/10~1/2植株开花适宜收割。

草木樨既属优良豆科牧草，又属重要的水土保持和蜜源植物。草木樨作饲料可青饲、青贮和放牧，也可调制干草。草木樨含香豆素，但含量有别，以无味草木樨适口性较佳。草木樨保存不当易发生霉烂，霉烂时香豆素可在霉菌作用下产生双香豆素，使维生素K失效，从而导致动物因外伤、去势、去角等血流不止，严重时还会引起动物死亡。

紫云英鲜嫩多汁，适口性好，产量较高。一般以现蕾开花期或盛花期刈割较好。盛花期后虽粗蛋白质减少，粗纤维增加，但总的养分含量仍比一般豆科牧草为高。

此外，鸡脚草、牛尾草、羊草、披碱草、象草、苏丹草、三叶草、金花菜、毛苕子、沙打旺等鲜草既可直接饲喂奶牛，也可以调制成干草或制作青贮。

（3）叶菜类及非淀粉质根茎类饲料

聚合草属多年生草本植物，是一种以叶为主的饲草作物。以产量高，适应性强，利用期长，营养丰富为特点。聚合草具黄瓜香味，牛喜食，唯鲜草叶面生有短刚毛，整叶鲜喂适口性较差，但切碎或打浆后混入精料中饲喂效果较好。

饲用甜菜干物质中主要是糖类，纤维少，适口性强，矿物质中钾盐较多呈硝酸盐形式，因此熟喂时，不应放置过久，以防中毒。一般饲喂时洗净切碎，喂量每天每头牛30~40kg。

非淀粉根茎类主要包括胡萝卜、菊芋、蕉藕等。该类饲料产量高，耐贮存，水分含量高，粗纤维、粗蛋白质、维生素含量低（除胡萝卜外）为其特点，是提高产奶量的重要饲料。胡萝卜含丰富的胡萝卜素，一般多作为冬季调剂饲料，是种公牛和奶牛优质多汁料。一般喂量每天每头奶牛最高25kg，种公牛5~7kg。贮藏时最好用沙埋法，可防腐烂和营养损耗。

瓜类饲料水分最多，占90%~95%。干物质中，含可溶性糖类和淀粉多，纤维素较少，黄色瓜类富含胡萝卜素。试验证明，瓜类饲料是促进泌乳的极好饲料，有不可替代的营养作用。目前，栽培最多的是饲用南瓜，产量比食用南瓜多1倍，早熟又高产。

2. 粗饲料

干物质中粗纤维含量在18%以上的饲料均属粗饲料。包括青干草、秸秆及秕壳等。

（1）干草

干草是青绿饲料在尚未结籽以前刈割，经过日晒或人工干燥制成，较好地保留了青绿饲料的养分和绿色，是牛的重要饲料优质干草叶多，适口性好，蛋白质含量较高，胡萝卜素、维生素D、维生素E及矿物质丰富。

目前，常用的豆科青干草有苜蓿、沙打旺、草木樨等，是牛的主要粗饲料，在成熟早期营养价值丰富，富含可消化粗蛋白质、钙和胡萝卜素。豆科干草的蛋白质主要存在于植物叶片中，粗蛋白质的含量变化为8%~18%。豆科干草的纤维在瘤胃中发酵速度比其他牧草纤维快，因此，牛摄入的豆科干草总是高于其他牧草。豆科牧草适宜在果实形成的中晚期收割。禾本科干草主要有羊草、披碱草、冰草、黑麦草、无芒雀麦、苏丹草等，数量大，适口性好，但干草间品质差异大，这类牧草的适宜收割期为孕穗晚期到出穗早期j谷类青干草有燕麦、大麦、黑麦等，属低质粗饲料，蛋白质和矿物质含量低，木质化纤维成分高二各种谷物中，可消化程度最高的是燕麦干草，其次是大麦干草，最差的是小麦干草。

（2）秸秆

农作物收获籽实后的茎秆、叶片等统称为秸秆秸秆中粗蛋白质含量低，粗纤维含量高，其中，木质素多。单独饲喂秸秆时，牛瘤胃中微生物生长繁殖受阻，影响饲料的发酵，不能给其提供必需的微生物蛋白质和挥发性脂肪酸，难以满足牛对能量和蛋白质的需要秸秆中无氮浸出物含量低，此外，还缺乏一些必需的微量元素，并且利用率很低。除维生素D外，其他维生素也很缺乏。

玉米秸粗蛋白质含量为6%左右，粗纤维为25%左右，牛对其粗纤维的消化率为65%左右；同一株玉米秸的营养价值，上部比下部高，叶片较茎秆高。玉米穗苞叶和玉米芯营养价值很低。

麦秸营养价值低于玉米秸其中，木质素含量很高，含能量低，消化率低，适口性差，是质量较差的粗饲料小麦秸蛋白质含量低于大麦秸，春小麦秸比冬小麦秸好，燕麦秸的饲用价值最高。该类饲料不经处理，对牛没有多大营养价值。

稻草是我国南方地区的主要粗饲料来源。粗蛋白质含量为2.6%~3.2%，粗纤维21%~33%。能值低于玉米秸、谷草，优于小麦秸，灰分含量高，但主要是不可利用的硅酸盐，钙、磷含量均低。

谷草质地柔软、营养价值较麦秸、稻草高，在禾本科秸秆中，谷草品质最好。

豆秸指豆科秸秆。由于大豆秸木质素含量高达20%~23%，故消化率极低，对牛营养价值不大。但与禾本科秸秆相比，粗蛋白质含量和消化率较高。在豆秸中，蚕豆秸和豌豆秸品质较好。

（3）秕壳

籽实脱离时分离出的荚皮、外皮等。营养价值略高于同一作物的秸秆，但稻壳和花生壳质量较差。

豆荚和大豆皮适于喂牛。谷类皮壳包括小麦壳、大麦壳、高粱壳、稻壳、谷壳等，营养价值低于豆荚。稻壳的营养价值最差。

棉籽壳含棉酚，但对牛影响不大。肥育牛棉籽壳可占日粮40%，奶牛可占30%~35%，但应注意喂量要逐渐增加，1~2周即可适应。喂时用水拌湿后加入粉状精料，搅拌均匀后饲喂，喂后供给足够的饮水。喂犊牛时最好喂1周更换其他粗饲料1周，以防棉酚中毒。

（4）青贮饲料

青贮饲料指将新鲜的青绿多汁饲料在收获后直接或经适当的处理后，切碎、压实、密封于青贮窖、塔或袋内，在厌氧环境下进行乳酸发酵，使pH值降到4~4.2，从而抑制霉菌和腐败菌的生长，使其中的养分得以长期保存下来的一类特殊饲料：青贮饲料的营养价值因青贮原料不同而异。其共同特点是粗蛋白质主要是由非蛋白氮组成，且酰胺和氨基酸的比例较高，大部分淀粉和糖类分解为乳酸，粗纤维质地变软，胡萝卜素含量丰富，酸香可口，具有轻泻作用。青贮饲料是牛非常重要的粗饲料，喂量不超过日粮的30%~50%。在生产中常用的青贮饲料有玉米秸青贮和全株玉米青贮等。一般青贮在制作30天后即可开始取用。长方形窖应从一端开始取料，从上到下，直到窖底切勿全面打开，防止暴晒、雨淋、结冰，严禁掏洞取料：为防止二次发酵，每天取出的料层至少在8cm以上，最好在15cm以上，取用后用塑料薄膜覆盖压紧。一旦出现全窖二次发酵，如青贮料温度上升到45℃以上时，在启封面上喷洒丙酸，并且完全密封青贮窖，制止其继续腐败。

3. 能量饲料

能量饲料指干物质中粗纤维含量在18%以下，粗蛋白质含量在20%以下，消化能在10.46兆焦/kg以上的饲料，是牛能量的主要来源主要包括谷实类及其加工副产品（糠麸类）、块根、块茎类及其他。

（1）谷实类饲料

主要包括玉米、小麦、大麦、高粱、燕麦、稻谷等。其主要特点是无氮浸出物含量高，其中，主要是淀粉；粗纤维含量低，因而适口性好，可利用能量高；缺乏赖氨酸、蛋氨酸、色氨酸；钙及维生素A、维生素D含量不能满足牛的需要，钙低磷高，钙、磷比例不当。

玉米被称为"饲料之王"，其特点是含能量高，黄玉米中胡萝卜素含量丰富，蛋白质含量9%左右，缺乏赖氨酸和色氨酸，钙、磷均少，且比例不合适，是一种养分不平衡的高能饲料。玉米是一种理想的过瘤胃淀粉来源。高赖氨酸玉米对牛效果不明显。高油玉米由于含蛋白质和能量比普通玉米高，替代普通玉米可以提高肉牛牛肉品质，使牛肉大理石状纹等级和不饱和脂肪酸含量提高。

大麦蛋白质含量高于玉米，品质亦好，赖氨酸、色氨酸和异亮氨酸含量均高于玉米；粗纤维较玉米多，能值低于玉米；富含 B 族维生素，缺乏胡萝卜素和维生素 D、维生素 K。用大麦喂牛可改善牛奶、黄油和体脂肪的品质。

小麦与玉米相比，能量较低，但蛋白质及维生素含量较高，缺乏赖氨酸，所含 B 族维生素及维生素 E 较多，小麦的过瘤胃淀粉较玉米、高粱低，牛饲料中的用量以不超过 50% 为宜，并以粗碎和压片效果最佳，不能整粒饲喂或粉碎得过细。

燕麦总的营养价值低于玉米，但蛋白质含量较高，粗纤维含量较高，能量较低；富含 B 族维生素，脂溶性维生素和矿物质较少，钙少磷多。燕麦是牛的极好饲料，喂前应适当粉碎。

（2）糠麸类

饲料糠麸类饲料为谷实类饲料的加工副产品，主要包括麸皮和稻糠以及其他糠麸。其特点是除无氮浸出物含量较少外，其他各种养分含量均较其原料高，有效能值低，含钙少而磷多，含有丰富的 B 族维生素，胡萝卜素及维生素 E 含量较少。

麸皮包括小麦麸和大麦麸等。其营养价值因麦类品种和出粉率的高低而变化。粗纤维含量较高，属于低能饲料，大麦麸在能量、蛋白质、粗纤维含量上均优于小麦麸。麸皮具有轻泻作用，质地蓬松，适口性较好，母牛产后喂以适量的麦麸粥，可以调节消化道的功能。

米糠的有效营养变化较大，随含壳量的增加而降低粗脂肪含量高，易在微生物及酶的作用下发生酸败。为使米糠便于保存，可经脱脂生产米糠饼。经榨油后的米糠饼脂肪和维生素减少，其他营养成分基本被保留下来。肉牛采食适量的米糠，可改善胴体品质，增加肥度。但如果采食过量，可使肉牛体脂变软变黄。牛饲料用量可达 20%，脱脂米糠用量可达 30%。

其他糠麸主要包括玉米糠、高粱糠和小米糠。其中，以小米糠的营养价值最高高粱糠的消化能和代谢能较高，但因含有单宁，适口性差，易引起便秘，应限制使用。

4. 蛋白质饲料

蛋白质饲料指干物质中粗纤维含量在 18% 以下，粗蛋白质含量为 20%，及以上的饲料，包括植物性蛋白质饲料和糟渣类饲料等。我国规定，禁止使用动物性饲料饲喂反刍动物。

（1）植物性蛋白质饲料

主要包括油料籽实类、饼粕类及其他加工副产品。油料籽实与饼粕的最大区别在于其含油量高（能值高）、一些有毒有害物质未被去除、抗营养因子未被灭活和蛋白质含量低在牛日粮中直接使用的目的在于提高日粮浓度（其中部分脂肪可过瘤胃）和提高日粮的过瘤胃蛋白。

油料籽实类中豆类籽实蛋白质含量高，较禾本科籽实高 2~3 倍。品质好，赖氨酸含量较禾本科籽实高 4~6 倍、蛋氨酸高 1 倍，伞脂大豆为提高过瘤胃蛋白时，可适当热处理（110℃，3分钟）；大豆亦可生喂，但不宜超过牛精饲料的30%，且不宜与尿素一起饲用。

带绒全棉籽因含有棉纤维、脂肪（棉籽油）和蛋白质，又称"三合一"饲料其干物质中含粗蛋白质、粗脂肪、中性洗涤纤维高。利用棉籽饲喂高产奶牛，每日每头喂量控制在2kg左右。

饼粕类中大豆饼粕粗蛋白质含量高，且品质较好，尤其是赖氨酸含量在饼粕类饲料中最高，但蛋氨酸不足。大豆饼粕可替代犊牛代乳料中部分脱脂乳，并对各生理阶段牛有良好的生产效果。

棉籽饼粕由于棉籽脱壳程度及制油方法不同，营养价值差异很大。主要有完全脱壳的棉仁饼，不脱壳的棉籽饼粕。带有一部分棉籽壳的棉仁（籽）饼粕棉籽饼粕蛋白质的品质不太理想，赖氨酸较低，蛋氨酸也不足。棉籽饼、粕中含有对牛有害的游离棉酚，牛如果摄取过量（日喂8kg以上）或食用时间过长，可导致中毒。繁殖母牛日粮中一般不超过10%。在短期强度肥育架子牛日粮中棉籽饼可占精饲料的60%，种公牛不建议饲喂，5月龄犊牛用量10%～15%。棉籽饼粕脱毒可用硫酸亚铁法和水煮法。

花生饼粕饲用价值随含壳量而有差异，脱壳后制油的花生饼粕营养价值较高，仅次于豆粕，其能量和粗蛋白质含量都较高。氨基酸组成不好，赖氨酸含量只有大豆饼粕的一半，蛋氨酸含量也较低。带壳的花生饼粕粗纤维含量为20%～25%，粗蛋白质及有效能相对较低。花生饼适口性好，但贮藏不当极易感染黄曲霉，饲喂时应严加注意。

菜籽饼粕有效能较低，适口性较差。粗蛋白质含量在34%～38%，矿物质中钙和磷的含量均高，特别是硒含量为1.0mg／kg，是常用植物性饲料中最高者。菜籽饼粕中含有硫葡萄糖苷、芥酸等毒素。肉牛日粮应控制在15%左右，体重小于100kg的犊牛，用量不超过10%。菜籽饼脱毒可用土埋法，即挖1m深土坑，铺草席，将菜籽饼加入水中（饼水比1：1）浸泡后装入坑内，2个月后即可饲喂。

另外，还有胡麻饼粕、芝麻饼粕、葵花籽饼粕都可以作为牛蛋白质补充料。

（2）其他加工副产品

目前，应用较多的是玉米副产品。

玉米蛋白粉是玉米除去浸渍液、淀粉、胚芽及玉米外皮后的产品。由于加工方法及条件不同，蛋白质的含量变异很大，在25%～60%。蛋白质的利用率较高，由于其比重大，应与其他体积大的饲料搭配使用。一般牛精饲料中可使用5%左右。

玉米胚芽饼是玉米胚芽榨油后的副产品。粗蛋白质含量20%左右，南于价格较低，蛋白质品质好，近年来，在牛的日粮中应用较多，一般牛精饲料中可使用15%左右。

玉米酒精糟一种是酒精糟经分离脱水后干燥的部分，简称DDG，另一种是酒精糟滤液经浓缩十燥后所得的部分，简称DDS，第三种是DDG与DDS的混合物，简称DDGS。一般以DDS的营养价值较高，DDG的营养价值较差，DDCS的营养价值居两者之间，以玉米为原料的DDG、DDS、DDGS的粗蛋白质含量基本相近,并含有未知生长因子氨基酸含量及利用率都不理想,不适宜作为唯一的蛋白源牛日粮用量以15%以下为宜。

(3)糟渣类饲料

是酿造、淀粉及豆腐加工行业的副产品。主要特点是水分含量高,为70%~90%,干物质中蛋白质含量为25%~33%,B族维生素丰富,还含有维生素B_{12}及一些有利于动物生长的未知生长因子。喂牛时需要注意的是,一些副产物饲料中残留加工过程中添加的化学物质,如玉米淀粉渣中的亚硫酸、酒糟中的酒精或甲醇、甲醛等,酱油渣中的盐等。

啤酒糟鲜糟中水分75%以上,不易贮存。干糟体积大,纤维含量高。用于乳牛和肉牛饲料,可取代部分饼粕类饲料。鲜糟日用量不超过10~15kg,干糟不超过精饲料30%为宜。

酒糟因制酒原料不同,营养价值各异二酒糟蛋白质含量一般为19%~30%,是肥育牛的好原料,鲜糟日喂量15kg左右。酒糟中含有一些残留的酒精,对奶牛不宜多喂,日喂量一般为7~8kg,最高不超过10kg。

豆腐渣、酱油渣及粉渣多为豆科籽实类加工副产品,干物质中粗蛋白质的含量在20%以上,粗纤维较高。维生素缺乏,消化率也较低。这类饲料水分含量高,一般不宜存放过久,否则极易被霉菌及腐败菌污染变质。

5. 矿物质饲料

矿物质饲料一般指为牛提供食盐、钙源、磷源的饲料。

(1)食盐

食盐的主要成分是氯化钠,用其补充植物性饲料中钠和氯的不足,还可以提高饲料的适口性,增加食欲。牛喂量为精饲料的1%~2%。

(2)石粉、贝壳粉

是最廉价的钙源,含钙量分别为38%和33%左右。

(3)磷酸钙、磷酸氢钙

磷含量18%以上,含钙不低于23%;磷酸二氢钙含磷21%,钙20%;磷酸钙(磷酸三钙)含磷20%,钙39%,是常用的无机磷源饲料。为了预防疯牛病,牛日粮禁用动物性饲料骨粉、肉骨粉、血粉等。

二、日粮配制方法

1. 配方配制的原则

(1)适应生理特点

肉牛是反刍家畜,能消化较多的粗纤维,在配合日粮时应根据这一生理特点,以青、粗饲料为主,适当搭配精饲料。

（2）保证饲料原料品质优良

选用优质干草、青贮饲料、多汁饲料，严禁饲喂有毒和霉烂的饲料。所用饲料要干净卫生，严禁选用有毒有害的饲料原料。

（3）经济合理选用饲料原料

为降低育肥成本，应充分利用当地饲料资源，特别是廉价的农副产品；同时，要多种搭配，既提高适口性又能达到营养互补的效果。

（4）科学设计与配制

日粮配合要从牛的体重、体况和饲料适口性及体积等方面考虑。日粮体积过大，牛吃不进去；体积过小，可能难以满足营养需要。所以，在配制日粮时既要满足育肥营养需要，也要有相当的体积，让牛采食后有饱腹感。在满足肉牛育肥日增重的营养需求基础上，超出饲养标准量的1%~2%即可。育肥牛粗饲料的日采食量大致为每10kg体重，采食0.3~0.5kg青干草或1~1.5kg青草。

（5）饲料原料相对稳定

日粮中饲料原料种类的改变会影响瘤胃发酵功能二若突然变换日粮组成成分，瘤胃中的微生物不能马上适应变化，会影响瘤胃发酵功能、降低对营养物质的消化吸收，甚至会引起消化系统疾病。

2.配方配制的特点

（1）如果对妊娠母牛采取限制性饲喂，则要精饲料和粗饲料混合配制，防止精饲料采食过量。

（2）由于育肥牛精饲料用量大，为了保证正常瘤胃功能。进行配方设计时要注意选择适宜饲料，如尽可能多用大麦，不用小麦，减少玉米用量，适当增加一些糠麸、糟渣、饼粕类的比例。

（3）一般说来，日粮中脂肪对牛体脂硬度影响不大，但到育肥后期，要适当限制饲料中不饱和脂肪酸的饲喂量，尽可能把日粮中脂肪含量限制在5%以内。

（4）育肥后期要限制日粮组成中的草粉含量特别是苜蓿等含叶黄素多的草粉可能会造成色素的沉积，导致体脂变黄，影响商品肉外观质量。

（5）在整个育肥期的日粮配方设计中，粗饲料含量应保持在15%左右为宜。

3.配方设计与配制的方法步骤

对角线法是目前最常用的饲料配制方法之一，对角线法又称方框法、四角法、方形法、十字交叉法或图解法。该方法一般只用于配制两三种饲料组成的日粮配方在配制两个以上饲料品种的日粮时，可先将饲料分成蛋白质饲料和能量饲料两种，并根据经验预设好蛋白质饲料和能量饲料内各原料的比例，然后将蛋白质饲料和能量饲料当作两种饲料做交叉配合。

第二节 肉牛的饲养管理与育肥技术

肉牛快速育肥，按饲养方式可分为放牧与舍饲育肥。舍饲育肥方式有持续育肥（一贯育肥）和后期集中育肥（架子牛育肥）。按牛的年龄划分又可分为犊牛肥育、育成牛肥育和架子牛肥育。

一、育成牛持续育肥

1. 概念

犊牛随母哺乳，采用常规饲养，6个月断乳以后，就地转入育肥牛群，以舍饲拴系饲养方式进行强度育肥。采用高水平饲养，保持日增重1~2kg，周岁体重达到400kg以上出栏、屠宰。

2. 育肥方法

肉用牛多是季节繁殖，4、5、6月配种，1、2、3月产犊，即早春产犊。我们以春季出生的育成牛为例介绍其育肥方法。

（1）饲养原则

春季出生的犊牛到6月龄断乳（7至9月份），正值夏秋季节，育成牛消化功能很强，利用青草、干草的能力很强。所以应采取以青、粗饲料为主，适当补给混合精料的育肥方法。

（2）混料调整方法

补精料的方法应随牛的生长和季节变化情况逐渐增加日喂量。断乳初期至7月龄时，日喂精料3.4kg，每月调整一次喂料量，到12月龄平均每天补料4.1kg。全育肥期约需692kg混合料。

（3）育成牛的混合精料配方

玉米83%、高粱15%、石粉1.5%，食盐0.5%。

（4）管理

青草、青干草自由采食。全期给足饮水，冬季要给温水。限制活动，保持安静环境，每天刷拭一次。

3.1岁犊牛出栏的强度育肥

犊牛出生后，随哺乳或人工哺乳，日增重稍高于正常生长发育。断奶后以高营养水平持续喂至1周岁左右。

一百八十日龄体重达180kg以上。断奶后精料喂量占日粮的35~45%，周岁体重达

400kg，平均日增重1kg左右，则可获得优质高档牛肉。经过这样育肥的我国地方良种黄牛生产出了品质极佳的牛肉，屠宰率达到63%以上。净肉率达54%以上，能为涉外饭店（四、五星级）接受。

二、架子牛育肥

在一般情况下，认为12月龄以上的肉牛称为架子牛。只有12~24月龄的架子牛才能生产出高档的牛肉来。

1. 架子牛选择的应注意的问题

（1）品种

以本地牛、鲁西黄牛及其杂交后代为最好，其肉质色泽红润，味道鲜美，很受欢迎。优种肉牛与本地母牛的杂交改良牛，生长速度快，出肉率高，但肉质疏松。

（2）年龄

选择1~2周岁，体重200~300kg的架子牛。

（3）性别

以没去势公牛为最好，其次是阉牛。

（4）个体健康

让有经验、懂饲养管理技术的采购员购牛。

健康牛的特征是：鼻镜潮湿，双目明亮，结膜为浅红色，双耳灵活，行动自然；被毛光亮，富有弹性；食欲旺盛，反刍正常，采食后多喜欢将两前肢屈于体下卧地；粪便多呈软粥样，尿色微黄；体温在38至39℃。买时要注意有当地畜牧兽医站开具的检疫证。

（5）了解产地情况

注意考察购牛地区气温、饲草饲料品种以及饲养管理方法、价格等问题，以便育肥时参考，避免出现应激反应和不应有的经济损失。

2. 育肥牛环境要求

虽然牛有较强的适应性。但是，如果气温低于零下30℃或高于27℃时，就会有较强的不良反应。牛生长的最适宜温度4℃~18℃，即春秋季节。用一个桩、一根绳、三平方米的地方便可养一头牛，搭一个简单牛棚，能遮风挡雨即可。夏季要在凉棚下或树荫下钉桩拴牛。冬季不取暖，但要保持干燥，无贼风，特别防止牛腹下有水、冰、雪、尿等赃物。冬天每天上午九点到下午三点尽量将牛拴在面向南方晒太阳。

要做到"六净"，即草、料、水、槽、圈、体的清洁卫生，饲料槽要天天刷。

建圈注意的问题：

（1）不宜投资太高，可利用闲置房屋或搭简易牛棚。

（2）料槽不易太高，以50cm高为宜。

（3）地势高燥、水源充足，远离交通干线和污染源。

（4）尽量建设青贮池。

3. 抓好适时过渡期

一般情况下，买来的牛大部分来自牧区、半牧区和千家万户，又经过长途运输，草料、气候、自然环境都发生了很大变化。所以要注意过渡期的饲养管理。其方法：

一是对刚买的牛进行称重，按体重大小和健康状况分群饲养。

二是前1至2天不喂草料，只饮水，适量加盐，目的是调理肠胃，促进食欲。适应过渡一般为15天左右。在这段时间内，前一星期只喂草不喂料，以后逐渐加料，每头牛每天喂精料2kg，主要是玉米面，不喂饼类。

三是买来的牛在3至5天时进行一次体内外驱虫。

方法一：敌百虫，每kg体重0.08g，研细浑水一次内服，每天一次，连用2天。

方法二：左旋咪唑，每kg体重6mg，研细内服，每天一次，连服2天。

四是在长途运输架子牛前，可肌肉注射维生素A、维生素D、维生素E，并喂1g土霉素，可增加牛的应激能力。

（四）科学饲养，抓好育肥

架子牛经过3至4月的饲养就可出栏，体重可达550kg。在整个育肥期坚持做到：

（1）定时喂饮

夏季操作日程：

5：00——7：00 喂饲饮水，第一次检查牛群；

8：00——10：00 阳光下刷拭牛体，清理粪便；

11：00——16：00 中午加饮一次水，拴在凉棚树荫下休息，反刍；

17：00——19：00 喂饲饮水，第二次检查牛群，清理粪便，冲洗饲槽。

冬季操作日程：

6：00——8：30 喂饲饮水，第一次检查牛群；

9：00——15：00 阳光下刷拭牛体，清理粪便，休息反刍，清理饲槽；

16：00——18：00 喂饲饮水，第二次检查牛群，清理粪便和饲槽。

（2）定量

平均每头牛每天喂精料5kg，粗料7.5kg。

喂饲过程是：先粗后精，先干后湿，定时定量，少喂勤添，喂完饮水。

给牛饮水要做到慢、匀、足。一般冬季饮两次水，水温在10~15℃之间；夏季饮三次水，除早、晚外，中午加饮一次。

（3）定位：喂饮完后，每头牛固定一桩拴好，缰绳长度使牛能卧下而且以牛回头舔不到自己的身体为好。

（4）刷试：每天专人刷试两次，目的是促进血液循环，增加食欲。刷试的方法是：以左手持铁刷，右手持棕毛刷，从颈部开始，由前向后，由上至下依次进行。刷完一侧之后再刷另一侧。可按颈、背、胸、腰、后躯、四肢顺序，最后刷头部。夏季高温天时，可用水冲洗牛体。

（5）注意安全：育肥的公架子牛没有去势，其记忆力、防御反射、性反射能力很强，因此，饲养人员管理公架子牛要特别注意安全。

三、酒糟类饲料育肥技术

酒糟属工业下脚料，价钱不高，但营养较丰富，是育肥肉牛的好饲料。

具体育肥方法：选择250~300kg重的架子牛，经驱虫、健胃后，分三个阶段育肥，每阶段的日粮是：

第一阶段：30天（第一个月），每天饲喂酒糟10~15kg，玉米秸粉3kg，配合饲料1至1.5kg，食盐20g。

第二阶段：30天（第二个月），每天饲喂酒糟15~20kg，玉米秸粉或青干草6.5kg，配合饲料1.5~2.0kg，食盐30g。

第三阶段：40~60天（第三—四个月），每天喂酒糟20~25kg，青干草或玉米秸粉6.5至7kg，配合饲料2.5~3kg，食盐50g。

该种育肥办法，投资少，收效大，育肥100至120天重可达400至450kg，日增重1.2kg以上，适用于城郊和距酒糟货源较近的场户采用。

为了防止酒糟发霉变质，可建一水泥池，池深1.2m左右，大小根据酒糟量确定。把酒糟放入池内，然后加水至漫过酒糟10cm。这样可使酒糟保存10至15天。

饲喂酒糟类饲料应注意事项：

1. 不宜把糟渣类饲料作为日粮的唯一粗料，应和其他粗饲料混喂，一般酒糟占日粮30~45%较好。

2. 定期使用白酒糟，应补充VA，每头每日1—10万国际单位。

3. 要拌匀后再喂。

4. 发霉变质的酒糟不能使用。

5. 酒糟以新鲜为好，如需贮藏，窖贮效果好于晒干贮藏。

四、老残牛育肥

成年的老、弱、瘦、残牛在牛群中占一定的比例。造成老残牛的原因不外乎有四个方面：一是劳累过度，体力消耗过多（退役牛）；二是体内有寄生虫；三是牛胃肠消化机能紊乱，消化吸收功能不好；四是长期的粗放饲养，造成营养不良体质瘦弱的牛。这类牛产肉量低，肉品质差。经过育肥后增加皮下和肌肉纤维间的脂肪，从而提高产肉量，改善肉的品质。

老残牛应采取如下育肥方法：

（1）牛买来后或育肥前要让其充分休息，不再使役。

（2）驱虫：内服敌百虫，每kg体重按0.05g计算，一次内服，每天一次，连服两天。或按每kg体重2.5至10mg的阿苯达唑拌料饲喂。

（3）健胃：可用中药健脾开胃，也可以将茶叶400g，金银花200克煎汁喂牛；或用姜黄3至4kg分4次与米酒混合喂牛；或用香附75g、陈皮50g、来夫子75g、枳壳75g、茯苓75g、山楂100g、六神曲100g、麦芽100g、槟榔50g、青皮50g、乌药50g、甘草50g，水煎一次内服，每头每天一剂，连用两天。

育肥方式同大架子牛相似，只是育肥期短，需2至3个月的强度育肥，平均日补料2~3kg。全育肥期有250kg混合料即可。这种牛育肥期平均日增重可达1.5~1.8kg，全期增重90至150kg左右。

五、尿素的利用

尿素在瘤胃内可转化成高价蛋白（纯尿素含氮47%，1kg尿素相当于2.8kg粗蛋白、也相当于7kg豆饼、5~8kg油渣和26~28kg谷物饲料的含氮量，故可作为反刍动物的添加饲料）。根据饲料中蛋白质含量其加喂量掌握在每头牛每天50~100克。注意给喂方法，一定不可单独饲喂尿素。必须与其他饲料混匀后饲喂，喂后30分钟内不能饮水。更不能溶于水中饲喂，否则易发生中毒。

六、提高肥育效果的其他措施

1. 利用饲料添加剂提高育肥效果

（1）瘤胃素

当日粮精料超过35%时按每日每头牛加入瘤胃素200mg，均匀拌入饲料中喂，可节约饲料10%~11%，提高日增重15%~20%。

（2）益生素

可用于牛的添加剂，其添加比例占饲料的0.02%~0.2%。

（3）矿物质、微量元素和维生素添加剂

2. 生长激素和增重剂的应用

（1）生长激素

生长激素对动物生长促进作用已研究多年。据报道，以每头牛注射13.5~40.5mg可提高日增重30%左右，但这些药价格昂贵，用药不方便，可选择用之，目前欧盟已禁用，但美国仍在使用。

（2）增重剂

增重剂根据来源可分为化学合成类、天然激素类和微生物代谢类。

化学合成类有：己烯雌酚、乙雌酚和乙二烯雌酚等。天然激素类是动物体内产生的包括雌二醇、黄体酮睾酮等。微生物代谢类的典型代表是玉米赤霉醇，由于考虑对人类健康的影响，目前我国农业农村部已发文禁用以上三类物质。

第五章 奶牛的饲养

第一节 奶牛饲料的分类与配制

根据国际饲料命名及分类原则，一般把饲料分为粗饲料、青绿饲料、青贮饲料、能量饲料、蛋白质饲料、矿物质饲料、维生素饲料和饲料添加剂八大类。奶牛采食比较广泛，这八大类饲料都可作为奶牛的饲料。介绍常用的三种奶牛饲料的营养与调制。

一、粗饲料的营养与调制

1. 粗饲料的营养

粗饲料主要指农作物收获籽实后剩下的植物茎叶和籽实的秕壳，如稻草、玉米秸、麦秸、豌豆秸、蚕豆秸和谷壳等。这些物质纤维素和木质素含量高，营养价值低。然而这些物质的数量又很大，粗略估计我国农村秸秆年产量4亿～5亿t。若能充分利用这部分秸秆养牛，并通过适当处理提高其营养价值，则具有很大的经济效益和社会效益。

（1）稻草

粗蛋白含量仅为干物质的3%～5%，晚稻草稍高一些；代谢能为7兆焦/kg干物质；灰分含量高，约占干物质的17%，主要成分为硅。与其他秸秆比，稻草的木质素含量低，为60～70g/kg干物质，另外其茎比叶更易被消化。

（2）玉米秸

半纤维素含量高，与其他秸秆相比粗蛋白含量较高，约为60g/kg干物质，代谢能达9兆焦/千克干物质。

2. 粗饲料的加工调制

1. 铡短和粉碎

秸秆类饲料多为长的纤维性物质。适当铡短或粉碎有助于改善牛的采食状况，减少挑食，增加采食量，但粉碎过细会使粗饲料通过瘤胃的速度加快，以致发酵不完全。与切短的秸秆相比，粉碎过细则会降低粗纤维消化率达20%，干物质的消化率会降低5%～15%。

因此，饲料粉碎长度不宜小于 0.64cm。

（2）氨化和碱化

粗饲料中纤维素和木质素结合紧密，木质素对消化率的影响最大。碱化或氨化处理主要是用化学方法使木质素和纤维素、半纤维素分离，从而提高瘤胃微生物对纤维素和半纤维素的消化利用率。

1）碱化

近年来，常使用的"干法碱化"，即先将秸秆切碎，然后用少量浓氢氧化钠溶液（200～400g/L）喷洒，拌和堆置数天（数月乃至1年）后直接饲喂，秸秆消化率会从40%提高到50%～70%。这种处理可以机械化操作，在耐碱的容器中边喷碱液边搅拌，但要注意家畜食入的钠会明显增加。

2）氨处理

此法需要一个能隔绝空气的容器，如氨化池、氨化炉或塑料袋。氨化炉成本太高；塑料袋处理数量少，易损坏；比较实用的是修建一个砖混水泥结构的氨化池。氨化池可大可小，为便于填充，顶部应敞开，用塑料薄膜密封。方法是先填充好饲料后密封，再往密封体中通入无水液氨或氨的水溶液，用量以每 kg 干物质用 40 克计。处理完毕后，密封 4～8 周。使用时，先开池通风 2～3 天。此法与碱化相比，增加了粗饲料中粗蛋白的含量，增加量可达 50g/kg。

3）尿素处理

氨处理的缺点是不易操作，刺激性强。近年来发展起一种更安全的办法，即用尿素进行处理，其原理为尿素在尿素酶作用下分解产生氨。操作方法是将粗饲料切短，然后以 100（秸秆）：3～5（尿素）的比例喷洒尿素溶液，也可以把秸秆和尿素混合后再加水。加水量不宜过多，要视秸秆含水量而定，一般以占秸秆量的 20%～40% 为宜。混合好装池的秸秆要密封好，这样尿素产生的氨才不会挥发失效。密封时间，冬天需 4～8 周，夏天 7～20 天即可。取用时，一般提前 1 天取出，这样饲用比较安全，取用后仍需盖好。

3. 青干草的营养与制作

青干草是指由青绿饲草刈割后调制的青干草，不包括农作物的秸秆。制作青干草，就是把鲜草水分从 60%～85% 迅速降至 15%～20%，在这样的水分含量下储存过程中养分损失很少。

（1）青干草的营养

青干草含蛋白质 7%～20%，粗纤维 20%～30%，胡萝卜素 5～40mg/kg，维生素 D 16～35mg/kg，其消化率差别很大。青饲料调制为干草后，除维生素 D 有所增加外，多数养分都比青饲料及其调制的青贮饲料有较多的损失，干物质损失量为 18%～30%。青干草营养价值受牧草种类、生长期和干制过程的影响。草粉，养分不次于麸皮，可消化粗蛋白含量优于燕麦、大麦、高粱、玉米、黍子和其他精料，在国外被当作维生素蛋白饲料，是配合饲料的一种重要成分，年饲喂量很大。

（2）青干草的制作

传统的青干草制作主要靠太阳和风等自然能源，这也是我国目前大多数青干草制作的主要办法。把刈割后的牧草晾晒于田间，也可以收回放在通风处搭架晾干。晾晒于地面的要摊薄，注意定时翻动，或适当碾压以破裂茎秆，加快干燥。现在一些畜牧业发达的国家已开始应用人工干燥技术制作青干草，把刈割的草通过鼓型旋转干燥设备通以热风，热风温度要严格控制。干燥后的牧草一般加抗氧化剂以防氧化造成养分损失，并加0.5%~1%的脂肪以降低灰尘，这样制得的青干草（草粉）营养保存最完善，但成本高，多用于饲喂犊牛。

（3）青干草的储存

青干草在储存过程中要特别注意通风和防雨，由于干草一般仍含有较高的水分（10%~30%）。当温度在40℃时，植物细胞的呼吸停止，但喜温细菌仍可能继续活动，其活动可能会使干草温度升至72℃，这时化学氧化反应可能出现，使温度进一步升高，温度累积有可能引起干草自燃。

二、青绿饲料

青绿饲料是指水分含量60%及以上的青绿多汁饲料。

1. 青绿饲料的营养

青绿饲料包括野青草、栽培牧草、树叶类饲料、叶菜类饲料和水生饲料等。其粗蛋白较丰富，对奶牛的生长、繁殖和泌乳有良好的作用，并含有丰富的维生素，具有轻泻、保健作用。干物质含量低，因此饲喂量不要超过日粮干物质的20%。

为了保证青绿饲料的营养价值，适时收割非常重要，一般禾本科牧草在孕穗期刈割，豆科牧草在初花期刈割。松针粉粗纤维含量较一般阔叶高，且有特殊的气味，不宜多喂。有的树叶含有单宁，有涩味，适口性不佳，必须加工调制后再喂。水生饲料在饲喂时，要洗净并晾干表面的水分后再喂，将其打浆后拌料喂给奶牛效果也很好。叶菜类饲料中含有硝酸盐，在堆贮或蒸煮过程中被还原为亚硝酸盐，易引起牛中毒，甚至死亡，故饲喂量不宜过多。幼嫩的高粱苗、亚麻叶等含有氰甙，在瘤胃中可生成氢氰酸引起中毒，喂前要晾晒或青贮。幼嫩的牧草或苜蓿应少喂，以防瘤胃臌气的发生。

2. 青绿饲料加工调制

铡短和切碎是青绿饲料最简单的加工方法，不仅便于牛咀嚼、吞咽，还能减少饲料的浪费。一般青饲料可以铡成3~5cm长的短草，块根块茎类饲料以加工成小块或薄片为好，以免发生食道梗塞，还可缩短牛的采食时间。

三、油饼类饲料的营养与调制

1. 油饼类饲料的特性

油饼类饲料是油料作物籽实经提取油脂后的残余部分。油料作物籽实一般含脂肪和蛋白质较高，如油菜籽含粗脂肪 40% 以上，粗蛋白 20% 以上。当脂肪提取后，残余部分的蛋白质含量大大提高，因此一般均用作蛋白质补充料。有的油籽不宜做饲料，如含有毒素的蓖麻籽。

2. 油饼类饲料的加工调制

油饼类饲料的营养价值受提取油料的加工工艺影响很大。一般提取过程分压榨和溶剂浸提两种，或在榨后再行浸提。对于含油量高达 35% 以上的籽实，一般均先压榨。在压榨过程中，籽实被加热，这对含白质有一定的破坏作用，但对奶牛来说却增加了过瘤胃蛋白质的量，提高了蛋白质的利用率。

有的油籽，如棉籽、花生和葵花籽，有坚实的荚壳，在加工时有的采取先脱壳或部分脱壳后再行压榨的工艺，因此油籽饼的质量受脱壳程度的影响。压榨饼类的残油量比浸提的高，一般仍含 5%~10% 的粗脂肪，能量较高，但容易氧化变质。溶剂浸提原料要先经粉碎，然后加入溶剂，经压滤后的残渣常通以蒸汽，然后加热除去残留溶剂，干燥粉碎，这样得到的残留物称为油籽粕。油籽粕残油量较低，一般含粗脂肪 2% 或更低，蛋白质含量一般在 35%~44% 或更高，其粗蛋白有 95% 为真蛋白质，消化率一般在 75%~90% 之间。油籽饼粕一般含有较高的磷，含钙量低，维生素 B 族含量较丰富，但胡萝卜素和维生素 E 的含量很低。常用的油饼类饲料有大豆饼、菜籽饼、葵花籽饼、花生饼、棉籽饼、芝麻饼和亚麻籽饼，但从经济角度考虑，奶牛养殖主要选用棉籽饼和菜籽饼。

第二节 奶牛的饲养管理

在奶牛的饲养与管理中，养殖人员应不断提高饲养与管理的技术水平，保证奶牛健康生长，提高奶牛的产奶数量和质量。如果饲养管理技术未能有效落实，将会对奶牛的质量产生不良影响，不利于奶牛饲养经济效益的增加。

一、优良品种的选择与繁育

1. 优良奶牛的选择

（1）奶牛品种简介

1）我国主要乳用及乳肉兼用品种牛

中国荷斯坦牛由国外引进的荷斯坦牛纯繁后代及与中国黄牛级进杂交选育后代共同形成的我国唯一的乳用品种牛，适于舍饲饲养，分布于全国各地，305天平均产奶量6359kg，乳脂率3.56%。

三河牛由以西门塔尔牛为主的多品种杂交选育而成的乳肉兼用品种牛，适于高寒地区放牧+补饲饲养，主要分布于内蒙古的呼伦贝尔盟，305天产奶量2868kg，乳脂率4.17%。

中国草原红牛由短角牛与蒙古牛级进杂交而培育的乳肉兼用品种牛，适于草原地区放牧+补饲饲养，主要分布于吉林省的白城、内蒙古的赤峰、西林格勒南部及河北的张家口等地区，挤奶期为220天，平均产乳量为1662kg，乳脂率4.02%。

新疆褐牛由瑞士褐牛与哈萨克牛杂交在新疆育成的乳肉兼用品种牛，主要分布于伊犁、塔城等地区，舍饲条件下年平均产奶量2000kg左右，乳脂率4.4%。

科尔沁牛由西门塔尔牛、蒙古牛、三河牛杂交培育而成的乳肉兼用品种牛，适于草原地区放牧+补饲饲养，主要分布于内蒙古通辽市的科尔沁草原地区，一般饲养条件下，胎次平均产奶量1256kg，乳脂率4.17%。

2）世界著名乳用与乳肉兼用品种牛

荷斯坦牛纯乳用品种，原产于荷兰，由于其出色的生产性能和良好的适应性目前已遍布全球，是全世界奶牛业饲养量占绝对优势的品种，以产奶量高为突出特点，以色列荷斯坦牛的平均胎次产奶量已超过10000kg。中国荷斯坦牛也属于这一品种。

娟姗牛纯乳用品种，原产于英国，在全世界分布广泛，平均胎次产奶量3000～4000kg，乳脂率高，平均为5.3%，适于热带地区饲养。

更赛牛纯乳用品种，原产于英国，分布于世界许多地区，平均胎次产奶量3500～4000kg，乳脂率4.4～4.9%。

西门塔尔牛世界最著名的乳肉兼用品种，原产于瑞士，在全世界广泛分布，产奶性能高，平均年产奶量4070kg，乳脂率3.9%，产肉性能亦十分突出，是我国目前黄牛改良中的首选父本。

（2）奶牛的选择技术

1）品种的选择

纯种荷斯坦牛。

2）生产性能的选择

胎次平均产乳量5500kg以上，平均乳脂率3.5%以上，成年体重550kg以上。

3）外貌的选择

①毛色

黑白相间，花片分明，额部有白斑，腹部、四肢下部及尾端呈白色，角黄色、角尖黑色。

②体型

体态清秀，棱角分明，关节、筋腱明显，肌肉发育适度，皮下脂肪少。皮薄骨细，血管显露，毛细短而有光泽。颈薄而长，颈侧有纵行皱纹。背腰平直，四肢匀称，尾细长。后躯较前躯发达，从侧面、前面、上面看均呈楔型。

③泌乳系统

乳房体积大，呈浴盆形，前伸后延，附着良好，四个乳区匀称，底线平，腺体发达，弹性好。乳房皮肤薄而细致，毛稀且细，乳房静脉明显，弯曲。乳静脉明显，粗大，弯曲，乳井大。乳头长6~8cm，圆柱形，与地面垂直。

4）年龄的选择

一般情况下，荷斯坦母牛2~2.5岁产第一胎，3~5胎达到生产性能的高峰，以后利用价值逐渐降低。牛的年龄可根据牛的档案记录确认，也可根据外貌、牙齿等情况估测。幼年牛头短而宽，眼睛活泼有神，眼皮较薄，被毛光润，体躯浅窄，四肢较高，后躯高于前躯，嘴细，脸部干净。壮年牛皮肤柔软，富于弹性，被毛细软而光泽，精神充沛，举动活泼。年老的牛较清瘦，被毛粗硬，干燥无光泽，绒毛较少，皮肤粗硬无弹性，眼盂下陷，目光无神，举动迟缓，嘴粗糙，面部多皱纹，体躯宽深。奶牛换一对牙时约为2岁，换两对牙时约为3岁，换三对牙时约为4岁，换四对牙时约为5岁。换完牙的牛可根据牙齿的磨损程度估算年龄，磨损程度越大，年龄越大。

5）健康状况的选择

奶牛健康情况的检查应包括两个方面，其一为兽医的专业检查，包括检疫、免疫记录和健康的常规检查；其二为一般的直观观察，包括精神状态，采食情况，粪便形态，产奶情况，妊娠与否，身体各部位特别是口腔、外生殖器、乳房、肢蹄等部位有否明显缺陷和异常等。

2. 奶牛的繁育技术

（1）奶牛的发情鉴定技术

1）奶牛的初情期与初配月龄

中国荷斯坦牛的初情期为8~12月龄。一般情况下母牛满15~18月龄，体重达350~380kg即可配种。

2）发情周期、发情持续期与产后发情

从上一次发情开始到下一次发情开始之间的时间为一个发情周期。荷斯坦母牛的发情周期平均为21天。

从发情开始到发情结束之间的时间为发情持续期。荷斯坦母牛的发情持续期平均为18小时左右。

在正常情况下，荷斯坦母牛产后50天内出现第一次发情。

3）发情鉴定方法

①外部观察法

a. 行为变化

发情母牛兴奋，躁动，哞叫，食欲减退，产奶量下降，弓腰举尾，频频排尿，嗅其它母牛外阴，爬跨它牛或接受它牛爬跨。

b. 身体变化

外阴潮湿，阴户肿胀，有粘液流出，拉丝或粘于外阴周围。

②阴道检查法

用开膣器扩张阴道，借助手电筒光来观察阴道黏膜充血、肿胀的程度，分泌物的量、色泽和粘稠度，子宫颈口开张等情况，判定发情与否及所处的发情阶段。

③直肠检查法

用手通过母牛直肠壁触摸卵巢上的卵泡，检查其大小、形状、软硬程度、搏动感的有无与程度等卵泡发育情况来判定是否发情和所处的发情阶段。

4）发情观察

①根据上次的发情时间和发情周期，在下次发情即将来临之际有目的、有针对性地对即将发情的牛进行观察。

②对于牛场的群体，应每日进行4～5次观察，每日的观察时间为：6：00时，10：00时，14：00时，18：00时和22：00时。

5）检查与治疗

对发情异常及产后50天内未见发情的牛要及时检查治疗。

发情异常有不发情、安静发情、假发情、断续发情、持续发情、妊后发情等。

6）配种适期

奶牛发情的持续时间较短，排卵在发情结束后6～15小时。静立，接受爬跨和阴户流出透明、量多、强拉丝性黏液是配种最适宜的时段，详见表5-1。

表 5-1 发情征候与最佳配种时间的关系

	躁动期	静立强拉丝期	恢复期
爬跨	爬跨它牛	静立，接受它牛爬跨，爬跨它牛。	拒绝它牛爬跨与爬跨它牛。
行为	敏感，哞叫，躁动，多站立与走动，回首，尾随它牛，自卫性强。	尾随、舔它牛，食欲减退，不安。	恢复常态
阴户	略微肿胀	肿胀，阴道壁潮湿、闪光。	肿胀消失
黏液	少而稀薄，拉丝性弱。	量多，透明含泡沫，强拉丝性，丝可呈"Y"状。	粘液呈胶状
持续时间	8±2小时	18小时	12±2小时
配种	—	最佳配种时期	—

（2）奶牛选配的原则

1）防止近亲繁殖。有计划的选用不同种公牛的精液进行选配。

2）防止难产。按照"大配大、小配小、不小不大配中间"的原则，尤其对初产牛及体型较小的母牛，选用的种公牛体重不应太大。犊牛初生重不要超过40kg。

3）对牛的生产性能进行改良。对于产奶量低的母牛用产奶量高的公牛精液配种；对于乳脂率低的母牛用乳脂率高的公牛精液配种。

（3）奶牛的人工授精技术

1）严把精液质量关

①选择管理规范、有国家颁发的精液生产许可证的种公牛站采购精液。在精液采购时严把质量关，并抽样检查其活力、密度等指标是否合格。

②将精液保存于高真空的液氮罐内。液氮罐放在清洁、干燥、通风处，定期检查液氮水平面，使其保持在高出精液18cm以上。

③取用与检查精液时操作迅速。检查时精液不能离开液氮罐口。取出的精液迅速按程序解冻，并在最短时间内输精完毕，做好记录工作。

2）采用子宫颈把握法输精

①轻揉肛门，使肛门松弛。

②手臂进入直肠，动作轻，并分次掏出粪便，清洗牛的后躯，最后消毒。

③手指插入子宫颈的侧面，伸入子宫颈之下，握住子宫颈，输精器以35°～40°角向上进入阴道后略向下方进入子宫颈口。

④输精器前端通过子宫颈横行皱褶时可回抽、摆动和滚动，以顺利通过子宫颈，在子宫体与角结合部输精，也可输到排卵侧的子宫角大弯部。

（4）妊娠检查与预产期计算

1）妊娠检查方法

①发情观察法

配种后没有再发情，可初步确定妊娠，但此法不可靠，需要进一步确认。

②直肠检查法

通过触摸卵巢黄体、子宫等的变化判断是否妊娠。

③激素检查法

在输精后23～24天采集母牛血浆、全乳或乳脂，测定其孕酮含量，判断是否妊娠。

2）计算预产期的方法

正常情况下，荷斯坦母牛的妊娠期为280天。

可采用"月减3、日加6"的方法计算牛的预产期，即配种月减3，若为负数加12；配种日加6，若超过30天，可减30天，月份再加1个月即可。

（5）接产与助产

1）接产准备

①母牛分娩应在专门的产房进行，产房应环境安静，便于消毒和接产操作，地面应防滑。

②准备好接产、助产用具及药品，包括消毒液、助产绳、医用剪刀、开膣器、润滑液等。用具要充分消毒。

③接产人员应昼夜值班，并与兽医取得联系。

2）母牛临产征兆

①从临产前1周开始，乳房出现水肿，并随临产的接近水肿加剧。

②从临产前1周开始，尾根两侧柔软松弛，并随临产的接近尾根两侧下陷。

③外阴部肿胀松弛，分娩前2～3天子宫颈栓开始排出，腹部下垂。

④临产前1～2天母牛体温稍有上升，分娩前下降。

⑤母牛子宫颈口开张并逐渐变大，出现努责与阵痛，间隔时间逐渐缩短，随之出现破水，说明分娩过程已经开始。

3）接产与助产

①在外阴部见到胎膜后应进行胎位检查，如胎位正常（前肢和头部在前）可不必助产，使其自行产出。如胎位不正，要对胎位进行校正，先将胎儿推回子宫，校正为正常胎位。

②在见到胎膜和前肢后，经1小时以上胎儿仍不能正常产出时，要进行助产，方法是用产科绳拴住胎儿前肢球节以上部位，用人拉住产科绳慢慢进行牵引，牵引时注意与母牛的努责相互配合，牵引方向应与产道方向相一致，并护住母牛阴门，防止阴门撕裂，一鼓作气，将胎儿拉出。

③遇其它异常情况，如难产等应由兽医处理。

④在胎儿产出后5～6小时胎衣应该排出，应仔细观察完整情况，如胎儿产出后12小时以上，胎衣尚未完全排出应请兽医处理。

⑤如胎儿产出后母牛仍进行努责，则有双胎的可能，即尚有一胎儿未产出，应作好下一胎儿的接产准备。

二、奶牛的饲养技术

1. 奶牛饲养管理的基础数据

（1）奶牛常规生理指标

表5-2 奶牛常规生理指标

项目	犊牛	成年牛
体温	38.5℃～39.5℃	38℃～39℃
脉搏	90～110次/分	60～80次/分

续表

项目	犊牛	成年牛
呼吸次数	20~50次/分	15~35次/分
反刍时间	6~10小时/天	15~16次/日；30~60分钟/次

（2）奶牛适宜环境温度

表5-3 奶牛适宜环境温度

项目	下限	最适	上限
犊牛	13℃	16~18℃	26℃
育成牛	－5℃	16~18℃	26℃
妊娠干奶牛	－14℃	16~18℃	25℃
泌乳盛期母牛	－25℃	16~18℃	25℃

（3）每头奶牛全年的饲料消耗（贮备）量

表5-4 每头奶牛全年的饲料消耗（贮备）量

青干草	1100~1850kg	多汁饲料	1500~2000kg
青贮玉米	10000~12500kg	糟渣饲料	2300~3000kg
精饲料	2300~4000kg	矿物质	精饲料的3~5%

2. 奶牛饲养管理的一般要求

（1）按饲养管理规范饲喂，先粗后精，以精带粗，不堆槽、不空槽，不喂发霉变质、冰冻的饲料，注意捡出饲料中的异物。

（1）分群饲喂，做到定时、定位、定量，做到少喂勤添。

（2）不突然变更饲料，变更饲料时做到循序渐进。

（3）保证充足、洁净的饮水，冬天水温8~12℃以上。

（4）运动场吊一些盐砖或放置盐槽，让牛自由舔食。

（5）做好牛舍的通风换气，保证舍内温、湿度适中，冬防寒、夏防暑。

（6）牛舍和运动场保持清洁卫生和干燥，粪便及时清除，集中发酵处理。

（7）做好牛体护理，每天刷拭一次，每年检查修蹄一次。

（8）加强牛群运动。

（9）根据牛的产奶量、采食量、产品处理、季节变化、饲喂方式等制订饲养管理日程。

（10）后备母牛和干奶牛每日2~3kg精料，产奶母牛每产2.5~3kg奶1kg精料，粗饲料自由采食。

（11）严格按挤奶操作程序挤奶，注意奶的卫生和乳房保健。根据奶牛的产奶量，每天挤奶2~4次。

3. 犊牛的饲养管理

（1）初生犊牛的护理

犊牛由母体产出后应立即做好如下工作：

1）清除其口腔及鼻孔内的粘液，以免妨碍犊牛的正常呼吸和将粘液吸入气管及肺内。

2）在清除犊牛口腔及鼻孔粘液以后，如其脐带尚未自然扯断，应在距离犊牛腹部8～10cm处，人工断脐，并做好消毒。

3）应尽快擦干犊牛身上的被毛，以免犊牛受凉，尤为在环境温度较低时，更应如此。

4）尽早饲喂初乳，最迟不可晚于出生后1h，喂量1.5～2kg。

（2）犊牛的饲养

1）犊牛的哺乳期与哺乳量

在一般条件下，犊牛的哺乳期以2个月左右、哺乳量为200～250kg为宜。

2）犊牛的哺乳方法

犊牛的喂奶方法基本有两种，即用桶喂和用带乳头的哺乳壶喂，而以后者较好，但差别不大。奶温应在38～40℃，并定时定量。喂奶速度一定要慢，每次喂奶时间应在1分钟以上，以避免喂奶过快而造成部分乳汁流入瘤网胃，引起消化不良。

3）犊牛的饲养方案

初乳期4～7天，饲喂初乳，日喂量为体重的8～10%，日喂3次。

初乳期过后，转为常乳饲喂，日喂量为犊牛体重的10%左右，日喂两次。

初乳期过后开始训练犊牛采食固体饲料，根据采食情况逐渐降低犊牛喂奶量，当犊牛固体饲料的采食量达到1～1.5kg时即可断奶。

（3）犊牛的管理

1）注意哺乳卫生

哺乳用具要严格清洗消毒，每头犊牛一个奶嘴和一条毛巾，不能混用，以防止传染病的传播。每次喂完奶后用干净毛巾把犊牛口鼻周围残留的乳汁擦干，然后用颈夹夹住十几分钟，以免犊牛互相乱舔，养成舔癖，传染疾病。

2）注意犊牛栏的卫生

犊牛出生后应及时放入保育栏内，每牛一栏隔离管理，15日龄出产房后转入犊牛舍犊牛栏中集中管理。犊牛栏应定期洗刷消毒，勤换垫料，保持干燥，空气清新，阳光充足，并注意保温。

3）注意犊牛的运动

户外运动可锻炼犊牛体质，增进健康，接受日光浴，促进血液循环和维生素D的合成，阳光中的紫外线具有杀菌作用。在夏季犊牛生后3～5d，冬季犊牛生后10d即可将其赶到户外运动场，每天0.5～1.0h。1月后每日2～3h，上、下午各一次。

4）注意犊牛的刷拭

刷拭可保持犊牛身体清洁，防止体表寄生虫的滋生，促进皮肤血液循环，增强皮肤代谢，促进生长发育，同时可使犊牛养成驯顺的性格。因而，应每天对犊牛刷拭1~2次。

5）注意犊牛的饲料与饮水

犊牛所用的饲料不但要营养全面，而且质量要好，精料的采食量一般不宜超过2.0kg，其余用优质粗饲料来满足营养需要，并保证充足的清洁饮水。

6）称重、编号、记录

犊牛出生后应称出生重，对犊牛进行编号，对其毛色花片、外貌特征、出生日期、谱系等情况作详细记录。以便于管理和以后在育种工作中使用。

7）预防疾病

犊牛期是牛发病率较高的时期，尤其是在生后的头几周。主要原因是犊牛抵抗力较差。此期的主要疾病是肺炎和下痢。

①肺炎最直接的致病原因是环境温度的骤变，预防的办法是做好保温工作。

②犊牛的下痢可分两种，其一为由于病原性微生物所造成的下痢，预防的办法主要是注意犊牛的哺乳卫生，哺乳用具要严格清洗消毒，犊牛栏也要保持良好的卫生条件。其二为营养性下痢，其预防办法为注意奶的喂量不要过多，温度不要过低，代乳品的品质要合乎要求，饲料的品质要好。

4. 后备母牛的饲养管理

（1）育成母牛的饲养管理

育成母牛是指从7月龄到初配受胎这段时期的牛。

1）7~12月龄母牛的饲养

7~12月龄是母牛达到生理上最高生长速度的时期，在饲料供给上应满足其快速生长的需要，避免生长发育受阻，以至影响其终生产奶潜力的发挥。虽然此期育成母牛已能较多的利用粗饲料，但在初期瘤胃容积有限，单靠粗饲料并不能完全满足其快速生长的需要，因而在日粮中补充一定数量的精料是必须的，一般每日每头牛1.5~3.0kg，视牛的大小和粗饲料的质量而定。粗饲料供给量为其体重的1.2%~2.5%，以优质干草为好，亦可用青绿饲料或青贮饲料替代部分干草，但替代量不宜过多。

2）13月龄至初配受胎时期母牛的饲养

13月龄至初配受胎时期的育成母牛消化器官已基本成熟，如果能吃到足够的优质粗饲料，基本上可满足其生长发育的营养需要，但如果粗饲料质量较差，应适当补充精料，精料给量以1~3kg/头日为宜，视粗饲料的质量而定。

3）育成母牛的管理

①公母牛分群饲养，7~12月龄牛和12月龄到初配的牛也应分群饲养。

②母牛达16月龄，体重达350～380kg时进行配种。

③因此期育成母牛采食大量粗饲料，必须供应充足的饮水。

④由于此期育成母牛生长较快，应注意牛体的刷拭，及时去除皮垢，促进生长，由此亦可使牛性情温顺，易于管理。

⑤育成母牛蹄质软，生长快，易磨损，应从10月龄开始于每年春秋两季各修蹄一次。

⑥保证每日有一定时间的户外运动，促进牛的发育和保持健康的体型，为提高其利用年限打下良好基础。

（2）青年母牛的饲养管理

青年母牛是指从初配受胎到分娩这段时期的牛。

1）青年母牛的饲养

母牛进入青年期后，生长速度变缓，在妊娠前期胎儿与母体子宫绝对重量增长不大，因而妊娠前半期的饲养应与育成母牛基本相同，以青粗饲料为主，视情况补充一定数量的精料。在妊娠的第6、7、8、9个月，胎儿生长速度加快，所需营养增多，应提高饲养水平，提高精料给量，在保证胎儿生长发育的同时，使母牛适应高精料日粮，为产后泌乳时采食大量精料做好必要准备。但须避免母牛过肥，以免发生难产。

表5-5

妊娠月	体重（kg）	精料量（kg）	粗料量	
			干草（kg）	青贮（kg）
4	402	2.5	2.5	15
5	426	2.5	2.5	17
6	450	4.5	3.0	10
7	477	4.5	3.0	11
8	507	4.5	5.5	5
9	537	4.5	6.0	5

2）青年母牛的管理

①加大运动量，以防止难产。

②防止驱赶运动，防止牛跑、跳、相互顶撞和在湿滑的路面行走，以免造成机械性流产。

③防止母牛吃发霉变质的食物，防止母牛饮冰冻的水，避免长时间雨淋。

④加强母牛的刷拭，培养其温顺的习性。

⑤从妊娠第5～6个月开始到分娩前半个月为止，每日用温水清洗并按摩乳房一次，每次3～5分钟，以促进乳腺发育，并为以后挤奶打下良好基础。

⑥计算好预产期，产前两周转入产房。

5. 成年母牛的饲养管理

（1）干奶期母牛的饲养管理

1）干奶期的长度

干奶期以 50～70 天为宜，平均为 60 天，过长过短都不好。干奶期的长短应视母牛的具体情况而定，对于初产牛、年老牛、高产牛、体况较差的牛干奶期可适当延长一些（60～75 天）；对于产奶量较低的牛、体况较好的牛干奶期可适当缩短（45～60 天）。

2）干奶前期的饲养

干奶前期指从干奶之日起至泌乳活动完全停止、乳房恢复正常为止。此期的饲养目标是尽早使母牛停止泌乳活动，乳房恢复正常，饲养原则为在满足母牛营养需要的前提下不用青绿多汁饲料和副料（啤酒糟、豆腐渣等），而以粗饲料为主，搭配一定精料。

3）干奶后期的饲养

干奶后期是从母牛泌乳活动完全停止、乳房恢复正常开始到分娩。饲养原则为母牛应有适当增重，使其在分娩前体况达到中等程度。日粮仍以粗饲料为主，搭配一定精料，精料给量视母牛体况而定，体瘦者多些，胖者少些。在分娩前 6 周开始增加精料给量，体况差的牛早些，体况好的牛晚些，每头牛每周酌情增 0.5～1.0kg，视母牛体况、食欲而定，其原则为使母牛日增重在 500～600g 之间。全干奶期增重 30～36kg。

4）干奶期的管理

①加强户外运动以防止肢蹄病和难产，并可促进维生素 D 的合成以防止产后瘫痪的发生。

②避免剧烈运动以防止机械性流产。

③冬季饮水水温应在 10℃以上，不饮冰冻的水，不喂腐败发霉变质的饲料，以防止流产。

④母牛妊娠期皮肤代谢旺盛，易生皮垢，因而要加强刷拭，促进血液循环。

⑤加强干奶牛舍及运动场的环境卫生，有利于防止乳房炎的发生。

（2）围产期的饲养管理

围产期指的是奶牛临产前 15 天到产后 15 天这段时期。

1）围产前期的饲养管理

围产前期是指母牛临产前 15 天。

①预产期前 15 天母牛应转入产房，进行产前检查，随时注意观察临产征候的出现，作好接产准备。

②临产前 2～3 天日粮中适量加入麦麸以增加饲料的轻泻性，防止便秘。

③日粮中适当补充维生素 A、维生素 D、维生素 E 和微量元素。

④母牛临产前一周会发生乳房膨胀、水肿，如果情况严重应减少糟粕料的供给。

2）围产后期的饲养管理

围产后期是指母牛产后15天这段时间。

①分娩后的母牛应先喂给温热的麸皮盐水粥，（麸皮1~2kg，食盐0.1~0.15kg，碳酸钙0.05~0.10kg，水15~20kg），给予优质干草让其自由采食。

②产后第一天仍按产前日粮饲喂，从产后第二天起可根据母牛健康情况及食欲每日增加0.5~1kg精料，并注意饲料的适口性。控制青贮、块根、多汁料的供给。

③母牛产后应立即挤初乳饲喂犊牛，第一天只挤出够犊牛吃的奶量即可，第二天挤出乳房内奶的1/3，第三天挤出1/2，从第四天起可全部挤完。每次挤奶前应对乳房进行热敷和轻度按摩。

④注意母牛外阴部的消毒和环境的清洁干燥，防止产褥疾病的发生。

⑤加强母牛产后的监护，尤为注意胎衣的排出与否及完整程度，以便及时处理。

⑥夏季注意产房的通风与降温，冬季注意产房的保温与换气。

3）泌乳早期的饲养

①产后第一天按产前日粮饲喂，第二天开始每日每头牛增加0.5~1.0kg精料，只要产奶量继续上升，精料给量就继续增加，直到产奶量不再上升为止。

②多喂优质干草，最好在运动场中自由采食。青贮水分不要过高，否则应限量。干草进食不足可导致瘤胃酸中毒和乳脂率下降。

③多喂精料，提高饲料能量浓度，必要时可在精料中加入保护性脂肪。日粮精粗比例可达50∶50~60∶40。

④为防止高精料日粮可能造成的瘤胃pH值下降，可在日粮中加入适量的碳酸氢钠和氧化镁。

⑤增加饲喂次数，由一般的每日3次增加到每日5~6次。

⑥在日粮配合中增加非降解蛋白的比例。

4）泌乳中期的饲养

泌乳中期又称泌乳平稳期，此期母牛的产奶量已经达到高峰并开始下降，而采食量则仍在上升，进食营养物质与乳中排出的营养物质基本平衡，体重不再下降，保持相对稳定。饲养方法上可尽量维持泌乳早期的干物质进食量，或稍有下降，而以降低饲料的精粗比例和降低日粮的能量浓度来调节进食的营养物质，日粮的精粗比例可降至45∶55或更低。

5）泌乳后期的饲养

泌乳后期母牛的产奶量在泌乳中期的基础上继续下降，且下降速度加快，采食量达到高峰后开始下降，进食的营养物质超过乳中分泌的营养物质，代谢为正平衡，体重增加。此期的饲养目标除阻止产奶量下降过快外，要保证胎儿正常发育，并使母牛有一定的营养物质贮备，以备下一个泌乳早期使用，但不宜过肥。按时进行干奶。此期理想的总增重为98kg左右，平均每日0.635kg。此期在饲养上可进一步调低日粮的精粗比例，达30：70～40：60即可。

6）泌乳母牛的管理

①母牛产犊后应密切注意其子宫的恢复情况，如发现炎症及时治疗，以免影响产后的发情与受胎。

②母牛在产犊两个月后如有正常发情即可配种，应密切观察发情情况，如发情不正常要及时处理。

③母牛在泌乳早期要密切注意其对饲料的消化情况，因此时采食精料较多，易发生消化代谢疾病，尤为注意瘤胃弛缓、酸中毒、酮病、乳房炎和产后瘫痪的监控。

④加强母牛的户外运动，加强刷拭，并给母牛提供一个良好的生活环境，冬季注意保温，夏季注意防暑和防蚊绳。

⑤供给母牛足够量的清洁饮水。

⑥怀孕后期注意保胎，防止流产。

三、奶牛养殖的环境控制与环境保护

1. 奶牛养殖的环境控制

环境指作用于动物机体的一切外部因素，也就是与奶牛生活、生产有关的一切外部条件。主要包括温度、光照、声音、土壤、地形、空间、空气、水、微生物等。

奶牛生活于一定的环境条件中，外界环境条件必然对奶牛健康和生产性能产生影响。外界环境对奶牛的影响体现在两个方面，即有利的环境条件可促进奶牛的健康，提高生产性能；有害的环境条件损害奶牛的身体健康，降低生产性能。我们应该了解奶牛的生理特性，为奶牛提供有利的生产生活环境，尽量避免和消除不利的生产生活环境，使奶牛始终处于良好的健康状态，发挥高的生产性能，获得最大的经济效益。

（1）奶牛对环境的基本要求

1）环境温度

表5-6 奶牛舍内适宜温度和最高、最低温度（℃）

牛别	最适温度	最低温度	最高温度
成母牛舍	9～17	2～6	25～27
犊牛舍	6～8	4	25～27
产房	15	10～12	25～27
哺乳犊牛舍	12～15	3～6	25～27

2）环境湿度

牛舍内空气的湿度在55%～85%范围内对奶牛的影响不大，但高于90%则危害甚大，因此，奶牛舍内湿度不宜超过85%。

3）空气质量

空气质量的实质是有毒有害气体的浓度与含量。

牛舍中的有害气体主要来自牛的呼吸、排泄和生产中有机物的分解。有害气体主要为氨、二氧化碳、一氧化碳和硫化氢等。

牛舍中氨的浓度应低于 50g/m³，一氧化碳的浓度应低于 0.8g/m³，硫化氢气体浓度最大允许量不应超过 10g/m³。

（2）奶牛养殖设施的基本要求

1）养殖场所

奶牛场应修建在地势干燥、背风向阳、空气流通、土质结实、地下水位低（2m 以下）、地势平坦的地方。要求交通方便，水源充足，水质良好，有供电通讯条件。奶牛场周围应无工矿企业，无畜禽养殖场，与主要交通干道的距离至少在 300m 以上，土壤、水源、空气无污染，安静无噪声。

2）空间面积

牛舍面积：产房 10m²/头，成年牛 8m²/头，青年牛 6m²/头，育成牛 5m²/头，犊牛 2～3m²/头。

运动场面积：产房 25～30m²/头，成年牛 20～25m²/头，青年牛 15～20m²/头，育成牛 10～15m²/头，犊牛 8～10m²/头。运动场地面应以三合土为宜，切不可用水泥地面。靠近牛舍的一侧高，其余三面低，坡度 1.5～2.5%。

凉棚面积：运动场内应有凉棚，高 3～3.5m，每头牛面积 3～5 左右，视牛的大小而定。

3）牛床尺寸

牛床长度：产房 1.8～2.0m，成年牛 1.65～1.85m，青母牛 1.5～1.6m，育成牛 1.3～1.4m，犊牛 1.0～1.3m。牛床应前高后低，坡度在 1～1.5% 之间。水泥地面应作防滑处理。

牛床宽度：产房 1.2～1.3m，成母牛 1.1～1.2m，青年牛 1.0～1.1m，育成牛 0.9～1.0m，犊牛 0.7～0.8m。

（3）环境管理

1）牛舍保持冬暖夏凉，空气清新，地面清洁干燥。在寒冷季节要合理通风换气，避免水汽和有毒有害气体在舍内积聚。

2）运动场保持清洁干燥，绝不能积水。及时清除粪便，填平坑洞。

3）保持整个场区排水良好，整洁干净。搞好绿化，消灭蚊蝇及孳生条件。

4）尽量降低场内机械和人为噪声，保持牛场环境安静。

5）场内所有牛能够接触到的建筑与设施避免锋利的尖角，以免给牛造成外伤。

6）及时清理场内废弃杂物，绝对避免牛食入铁钉、铁丝、塑料布（薄膜）等异物。

2. 奶牛养殖的环境保护

养殖奶牛除了要创造有利于奶牛生产、生活的环境外，还要注意保护周围的环境，避免由于养殖奶牛的过程给周围的环境造成污染。实际上，奶牛养殖的环境控制措施在很大程度上也是环境保护的措施，环境保护也为环境控制创造了必要条件，可进一步促进奶牛生产。

在奶牛养殖中应采取如下主要环境保护措施。

（1）在选择奶牛养殖地点时，应考虑对环境的影响。因而，奶牛养殖地点应远离饮用水源，距村庄和居民区的距离至少在500m以上，并处于下风向。

（2）根据实际情况与条件，采用切实可行的、科学有效的方法，及时处理奶牛的粪尿排泄物和生产中产生的废弃物，做无害化处理，然后合理利用。避免由粪尿产生的臭味、有毒有害物质、微生物等污染空气、水源、土壤，对人类或其他动植物构成危害。

（3）在生产中尽量减少废弃物的产生，做到清洁生产。

（4）科学配制日粮，尽量减少和避免粪便中残存的氮、磷、铜、锌等物质对土壤可能造成的危害。

（5）搞好环境卫生，尽量减少和避免牛场产生的异味、蚊蝇等对周围环境的污染。

（6）在生产中尽量降低机械、牛只、人员所产生的噪声、粉尘等对周围环境的污染。

（7）采取积极的疫病防治措施，避免人畜共患病对生产人员和周围居于民可能构成的威胁。

第六章 畜禽外科疾病诊断

第一节 外科感染诊断

家畜有五种常见外科感染：①脓肿，即任何组织或器官，因局限性化脓性炎症引起脓汁潴留，形成新的蓄脓腔洞；②蜂窝织炎，即皮下、筋膜下和肌间等处疏松结缔组织的急性化脓性炎症；③败血症，即急性化脓性感染病灶的细菌，侵入血液循环并在血液中生长、繁殖，产生毒素，引起严重的全身性中毒症状；④腐败性感染；⑤厌氧性感染，即由多种厌氧性病原菌经创口侵入机体组织内，在厌氧条件下引起的一种软组织的急性感染。

一、脓肿

1. 病因

（1）主要由化脓性细菌通过皮肤、粘膜小的创伤引起局部感染所致。最常见的为葡萄球菌和化脓性链球菌。

（2）某些化学药品也能引起本病，如氯化钙、松节油和水合氯醛等。

2. 诊断要点

（1）肿胀

肿胀部增温、疼痛，边缘呈坚实样硬度，中央部逐渐软化，皮肤变薄，被毛脱落，自行破溃流出脓汁。深在性脓肿肿胀不明显，于肿胀部的皮下出现水肿，疼痛明显，局部增温。呈慢性经过的脓肿，炎症反应轻微，可形成厚的结缔组织包囊，其内蓄有脓汁。

（2）穿刺

流出脓汁或于针尖部带出干酪样的脓汁。

3. 治疗

治疗原则是初期促进炎症消散，防止脓肿的形成，后期促进脓肿成熟，切开排脓。

（1）消散炎症

采用温热疗法，抗生素或磺胺疗法。局部敷安得利斯、栀子粉、雄黄散（雄黄10g，黄柏 100g，冰片 5g，研细末，醋调）和金黄散（雄黄 50g，白芥子 25g，黄柏 30g，栀子 50g，白芷 40g，大黄 50g，官桂 30g，研细末，醋调）。

（2）促进脓肿成熟

用热敷法或局部涂布 5% 鱼石脂软膏。

（3）切开脓肿

于成熟的脓肿中央切开一个小创口，使脓汁自然流出，之后根据脓肿腔的大小，进行扩创，扩创的大小以有利于脓汁排出为目的。之后冲洗脓肿，可用 0.1% 高锰酸钾液或 0.1% 新洁尔灭液、5% 碳酸氢钠液、5% 硫酸镁液等。探查创内时，不得损伤脓肿壁，其内如有呈索状的神经、血管通过时，应予以保留，如有少量坏死组织尚未净化干净，应让其自然净化。创内按化脓创用药和引流，治疗 1 次 /d。如是深在性脓肿，于麻醉下逐层切开，直达脓肿腔。当脓性分泌物减少，肉芽组织大量生长时，不必再用引流纱布，只作创内用药即可。伴有体温升高者，用抗生素疗法 1 个疗程。

二、蜂窝织炎

1. 病因

（1）皮肤与粘膜小创口感染化脓性细菌，最主要的是化脓性链球菌，其次为葡萄球菌和大肠杆菌，有的也混有某些厌氧菌。

（2）继发于局部化脓性炎症，如脓肿、关节炎等。

（3）注射强烈刺激性药物，如松节油、水合氯醛、高渗盐水和氧化钙等。

（4）偶见由血液或淋巴途径感染，如马腺疫、副伤寒性感染、马鼻疽。

2. 诊断要点

蜂窝织炎的临床症状明显，局部呈大面积的肿胀，增温，疼痛剧烈，机能障碍显著。精神沉郁，体温升高，食欲不振，呼吸及脉搏增加，白细胞增数。如不及时治疗，容易继发败血病。

3. 治疗

蜂窝织炎的治疗原则是减少炎性渗出，抑制感染蔓延，减轻组织内压，改善全身状况，增加机体抗病能力。彻底处理引起感染的创伤，早期应用青霉素、链霉素、头孢菌素类、喹诺酮类抗生素或磺胺制剂，直至肿胀消失为止。为防酸中毒应用 5% 碳酸氢钠液，1 次 /d，连用 5~6d，同时应用普鲁卡因封闭疗法，进行四肢环状封闭或病灶周围封闭，以控制病灶蔓延。局部涂布消肿的药剂金黄散、雄黄散等。局部如有软化处，可及时切开排脓。对肿胀严重的病例，应及时切开，减轻组织的压力，以防发生广泛性坏死。切开应在麻醉下进行，在口部位选在炎症最明显处，切口数量依肿胀范围大小而定，可多处切开，以利渗出液排出。切的深度应与各种蜂窝织炎相一致，达皮下、筋膜下、肌肉间。切口的长度应利于引流又利于愈合。创内最好用10%～20%硫酸镁液冲洗,用硫酸镁新洁尔灭液(硫酸镁100～200g、新洁尔灭1g,水加至1000mL)、魏氏流膏纱布引流。当炎性渗出停止时,按创伤治疗用药,促进肉芽组织生长。根据病畜全身状态,应配合全身综合疗法,消炎、镇痛、强心和补液等。

三、败血病

细菌仍留局于局部病灶内,未侵入血流,只是细菌毒素和坏死组织分解有毒产物大量进入血流,引起全身中毒反应,称为毒血病。若细菌短暂地进入血液,不生长和繁殖,不呈现致病作用,称菌血症。如感染病灶中的细菌,通过细菌栓子或脱落的感染血栓间歇地进入血流,并在机体其他器官和组织引起转移性脓肿,称为脓血病。若败血病与脓血病同时出现,为脓毒败血病。败血病是感染性疾病严重的继发病,抢救不及时,致动物死亡。

1. 病因

(1)具有化脓性感染源,如腐败性腹膜炎、腹壁透创、产后感染、化脓性全关节炎、筋膜下蜂窝织炎和褥疮等。

(2)病原菌多为溶血性链球菌,其次是葡萄球菌、大肠杆菌和厌氧性病原菌等。

2. 诊断要点

(1)突然发生恶寒战栗,四肢发凉。体温升高达40℃以上,呈稽留热型,濒死期前降至常温以下。

(2)脉搏弱而频数,呼吸促迫,食欲减退或废绝,粘膜呈不洁黄色。

(3)精神沉郁,目光迟钝,不注意周围事物。

(4)常发生中毒性腹泻,尿量减少。

(5)创面组织坏死溶解,腐败化脓,病灶周围组织显著肿胀,有的创面变干,失去生活力,脓汁形成及肉芽组织生长停滞。或创伤引流不畅,细菌或毒素被机体吸收。

(6)红细胞数减少,血红蛋白降低,嗜酸性白细胞与单核细胞减少或消失。嗜中性细胞数增多,核型左移,出现骨髓细胞及含有中毒颗粒的白细胞。尿内含蛋白管型。

(7)血液培养,有化脓性细菌生长。

3. 鉴别诊断

(1)毒血病

高热、脉搏快速细小和早期出现贫血是本病的三大特点。发病不以寒战开始。血、尿细菌培养均呈阴性。

(2)脓血病

除具备败血病的一些症状外,在机体组织或器官内出现转移性脓肿,其大小不定,脓汁呈白色液状,并含有大量的细菌。体温呈弛张热型或稽留热型,当机体衰竭时,体温不高,但脉搏频数，血压下降。出现转移性脓肿相应的症状，如咳嗽、黄疸、蛋白尿和尿中有红、白细胞，腹泻和跛行等。

（3）脓毒败血病

具有败血病和脓血病的特点。

4. 治疗

败血病的治疗原则是彻底处理局部感染病灶，应用足量的抗生素抑制全身性感染，积极提高机体抵抗力，恢复受害器官的功能。

（1）处理局部感染病灶：早期彻底地处理原发性感染病灶，是预防本病的关键。进行外科处理包括扩开创口，除去异物及坏死组织，切开脓肿和蜂窝织炎，通畅引流。

（2）早期应用抗生素：大剂量肌肉注射青霉素、链霉素，1次/6h。静脉内滴注四环素，日量为5mg/kg·bw。亦可选用头孢菌素类、喹诺酮类抗生素。

（3）全身支持疗法：反复多次小剂量输血。静脉给予5%碳酸氢钠液、葡萄糖液、葡萄糖盐水、维生素等。

（4）对症疗法：及时用止痛、强心、解热药物。出现败血性腹泻时，静脉注射氯化钙液（氯化钙10g，葡萄糖30g，安钠咖15g，生理盐水500mL，配成溶液，灭菌，1次静脉注射）。

（5）母牛产后败血症的治疗：可将四环素、金霉素、土霉素0.5~1g或青霉素80万IU，链霉素100万IU装入胶囊投入子宫内。

四、腐败性感染

腐败性感染发病急剧，病情严重。对局部感染早期治疗可望治愈，一旦症状明显，往往失去治疗价值。

1. 病因

变形杆菌、产芽胞杆菌、腐败梭菌和大肠杆菌等，常与化脓性细菌混合感染，这些细菌的共同点是都寄生于腐败物上，于缺氧环境中生长发育。严重的软组织创伤、深创囊内存有坏死组织及血凝块、创道弯曲等，均为本病发生创造了良好条件。

2. 诊断要点

创围炎性水肿，创内坏死组织变为淡绿灰色或淡黑褐色的粘泥样恶臭物质时，常有气泡产生而不见排脓。创内肉芽组织不平整，呈蓝紫色，易出血。全身症状重剧。

3. 治疗

及时扩创，切开创囊，除去异物和坏死组织。通畅引流，抑制和消除创伤感染，行开放疗法。

五、厌氧性感染

临床上以软组织发生坏死和腐败性分解，多产气及全身呈现毒血症为特征。发病率虽不高，但死亡率高达 80% 以上。

1. 病因

创伤具备厌氧环境，多发于肌肉丰满的部位，创口小且深。创伤污染泥土、粪便，创内有创囊、异物或弹片、破碎的组织片，长期扎止血带，初期处理不及时或过早缝合，引流不畅致创口堵塞，公畜去势后易感染本病。本病多由厌氧性致病菌感染所致，主要有产气荚膜梭菌、恶性水肿梭菌、水肿梭菌及溶组织梭菌。也常见与化脓性细菌混合感染。

2. 诊断要点

（1）早期诊断

病情发展迅速，发病可能在伤后 1～4d 以内。突然发生剧烈的疼痛，病情发展到严重时，疼痛消失。突然脉搏变快而弱，体温升高。肿胀蔓延迅速，渗出物内含气泡，出现捻发音。出现毒血病症状。

（2）晚期表现

出现严重毒血病、溶血性贫血和脱水。出现黄疸、败血性腹泻等。

3. 治疗

（1）及时清创

对伤畜清创及时、彻底，是预防本病恶化的关键性措施。结合应用大剂量抗生素，效果更好。正确运用包扎技术，严禁过紧。防止伤口过早地缝合，以免人为地造成厌氧条件。

（2）手术疗法

术前输液，大剂量给予青霉素。采用全身麻醉（禁用局部麻醉法），进行扩创和部分切除。充分显露伤口，可多处切开达肌间隙和患部肌肉。除去变色、不出血和不收缩的组织。充分切开筋膜，以利减压、引流。实施开放疗法。

（3）药物疗法

创内冲洗可选用 3% 过氧化氢液，0.25%～1% 高锰酸钾液，氯胺液，高渗溶液等。引流用 3% 过氧化氢，0.1% 雷夫奴尔液，5% 碘酊。创内撒布碘仿磺胺（1∶9），氨苯磺胺高锰酸钾（9∶1）。患部肌内或皮下注射 1/1500 高锰酸钾液，创内滴注 3% 过氧化氢液。

（4）全身疗法

大剂量应用青霉素和四环素反复多次输液，亦可运用氨苄青霉素、强力霉素、甲硝唑、头孢三嗪等抗生素；少量多次输血；为防酸中毒可用 5% 碳酸氢钠液；强心用安钠咖、强尔心。

第二节 牙齿疾病诊断

一、舌下囊肿

1. 病因与诊断要点

舌下囊肿又叫蛤蟆肿，是一种囊状肿瘤。一般位于舌系带侧面，多由于黏液腺或唾液腺管闭锁而引起。本病犬最多发。主要表现妨碍咀嚼和咽下困难，无炎症症状，其大小如鸡蛋。触诊肿胀处有弹性及波动感，热痛不明显，表面呈紫红色。抽取肿胀内容物，呈黄褐色粘稠液体，化验检查，液体内有多量嗜中性白细胞和老化的上皮细胞。诊断本病时，应注意与血肿、脓肿、淋巴外渗等相鉴别。

2. 治疗

本病主要采用手术方法摘除囊肿，效果较好。手术的关键是麻醉充分，囊肿壁摘除彻底。手术治疗时，术前绝食，侧卧保定，患侧向上。麻醉方法：用846合剂，剂量为0.02mL/kg·bw，皮下注射，3~5min后，对外界刺激反射消失，呼吸加深变慢，瞳孔缩小，全身肌肉松弛。打开口腔，翻转舌体，充分暴露囊肿。用止血钳钳住囊肿壁，然后以长柄剪剪破囊壁，并彻底剪除囊肿壁直至健康组织。用生理盐水冲洗患部、擦干，涂擦碘甘油，3~4次/d，连用3~5d即可痊愈。

二、牙磨灭不整

常见的牙磨灭不整有锐牙、剪状牙、过长牙和波状牙，其次是阶状牙和滑牙。锐牙多发于老龄及患骨质疾病的动物，下颌牙列先天性过度狭窄及口腔疼痛性疾病等。锐牙异常延长时，叫做剪状牙；当病臼齿过度磨灭或拔除后相对的臼齿磨灭减少，或上下牙列前后位置不完全适应时，可发生过长牙；由于臼齿的牙质坚硬度不同，易使臼齿磨灭面呈高低不平的波状，叫做波状牙。

1. 诊断要点

（1）锐牙及剪状牙

上臼齿的外缘及下臼齿的内缘形成尖锐的牙袖质缘而伤及颊部及舌，上臼齿外缘常损伤颊黏膜，下臼齿的内缘则损伤舌的侧面，有的病例可见到较大的黏膜溃疡。由于疼痛，病畜咀嚼时，常将头部偏斜于一侧，混有唾液的饲料团常吐于口外，并有带泡沫的唾液从口腔内流出，缺乏正常的咀嚼音，颌的运动谨慎而受到限制，饲喂后有饲料块蓄积于臼齿和颊部之间。经久不治时，长期咀嚼不全，致使病畜消化不良，营养障碍而逐渐消瘦。

（1）过长牙

上下臼齿中的某一牙过度增长而突出于咀嚼面，叫做过长牙。临床上较多见于上颌第一臼齿及下颌第六臼齿。当下颌臼齿过度增长时，往往能损伤硬腭，甚至有的能穿通硬腭而开口于鼻腔。病畜采食、咀嚼障碍，经久时则引起营养不良。开口检查可见到高出于咀嚼面的过长牙，用于触诊也可摸到。

（3）波状牙

为上下颌臼齿齿列失去其水平状态而呈波状。本病通常为两侧同时发生。轻微时，常不影响咀嚼机能，若短牙磨至牙龈部以下时，可引起疼痛，咀嚼不全，并可诱发牙髓炎、牙槽骨膜炎和颌窦炎。

（4）阶状牙

牙列中某臼齿突然变高，称为阶状牙。多由于相对牙脱落，或因病牙的硬度减退所引起。因阶状牙影响咀嚼的侧方运动，或损伤相对的软组织，致使咀嚼障碍。

（5）滑牙

由于牙轴质过度磨灭，致使牙面成光滑状态。老龄动物因磨至无釉质的牙根部，壮龄动物因牙质构造上的缺陷，幼畜则由于先天性牙轴质坚硬度不足而引起。少数牙患病时，对咀嚼影响不大，但多数牙患病时，则妨碍正常的咀嚼运动，并使病畜营养不良。

2. 治疗

对锐牙、剪状牙及波状牙，可用牙锉、牙刨或凿子，将其尖锐部分和突出部分进行修整。对过长牙，先用牙剪或线锯、铁锯等除去其过长部分，再用牙锉进行修整。阶状牙的过长部分，可用牙剪、锉将其剪断和锉平。用牙锉或牙刨修整牙咀嚼面后，应用 0.1% 的高锰酸钾溶液洗涤口腔。如颊黏膜或舌侧面有损伤时，可涂布碘甘油。如发现牙坏疽时，可用牙钳拔除病牙，然后撒入碘仿磺胺粉，再用浸湿防腐消毒药液的纱布或棉球填充，直至炎症消退并充满肉芽。滑牙尚无有效的治疗方法，可给患畜饲喂柔软易消化的饲料。

三、腮腺炎

腮腺炎在唾液腺疾病中较常见，由于影响唾液的分泌，使饲料在口腔中得不到充分的湿润与咀嚼而妨碍消化。本病容易形成唾瘘，经久不愈，影响动物健康。

1. 病因

本病多由于腮腺挫伤或创伤而引起。马腺疫经过中，有时继发急性腮腺炎。咽炎、化脓性血栓性颈静脉炎、喉囊蓄脓等疾病亦能继发腮腺炎。

2. 诊断要点

急性腮腺炎在局部呈现热痛性肿胀，触之敏感。若两侧腮腺同时发炎，头颈伸直，低头困难。一侧发病时，头偏向健侧，肿胀较大，蔓延附近组织时，病畜咀嚼缓慢，吞咽困难。

若感染化脓菌时，常在患部形成小的脓肿，破溃后流出混有唾液的脓汁。治疗及时正确，多数病例能较快地痊愈，少数则形成唾瘘，经久不愈。慢性腮腺炎呈坚实性、无痛性肿胀，其他症状均不明显。

3. 治疗

急性腮腺炎，应用普鲁卡因青霉素液于肿胀周围封闭，注射时针头勿伤及腺体，隔日1次，5~6次为1疗程，效果较好。慢性腮腺炎，可应用常醋调制的复方醋酸铅散涂患部，或用热敷法或局部涂布鱼石脂软膏、1%樟脑软膏等。如全身症状明显时，可应用抗生素。

第三节　头颈部疾病诊断

一、头部外形

幼畜表现头大、颈短的不匀称结构，多提示为佝偻病。因单侧肌肉松弛而引起的耳、眼睑、鼻翼、口唇的下垂，表现为头面部歪斜，这是面神经麻痹的特征。头面部的皮下浮肿，致使外形改变，马如呈典型的河马头状，多提示为血斑病。由于骨质疏松、肿胀，也可引起鼻面的膨隆、变形，可见于骨软症或头窦蓄脓症。头窦蓄脓症时，叩诊窦部呈浊音，并有敏感反应，且多伴有单侧的大量脓性鼻液。骨软症，叩诊局部呈过清音，并伴全身其他各部骨骼变化，如下颌支肥厚及四肢粗大等形态改变，同时多见有四肢运动障碍。头部局部脱毛、落屑如伴有剧痒时，则提示为疥螨病。头部皮温升高，可见于热性病。

二、耳

健康的大型动物，除牛、羊为半垂耳外，多为直立耳，犬随品种不同可分为直立耳、半直立耳、垂耳和半垂耳。垂耳和半垂耳犬，多发耳血肿、中耳炎和内耳炎，可见有频频摇头磨擦搔抓病耳等动作。

三、眼

黄牛及乳牛的眼结合膜颜色较淡，马、骡呈淡粉色，猪为粉红色，眼睑肿胀并伴有羞明流泪，是眼炎或结合膜炎的特征。轻度的结合膜炎，伴有大量的浆液性分泌物，可见于流行性感冒。眼球凹陷，见于重度消耗性病，尤其是当有急性失水时更为明显，如急性胃肠炎引起的腹泻。眼球震颤，表现为有节律的，呈垂直的或水平的回转，常见于癫痫及脑炎。正常瞳孔，在强光照射下迅速缩小。病态变化的瞳孔缩小或扩大，对光反应消失，前者见于颅内压中等程度升高时，如脑膜炎、脑出血、慢性脑室积水等。后者见于严重脑膜炎、脑脓肿或脑肿瘤，由于动眼神经麻痹，瞳孔扩大，两侧瞳孔同时扩大，对光反应消失，刺激眼球不动是病情危重的表现。眼结合膜是可视黏膜的一部分，除注意其黏膜本身变化外，应着重观察其颜色，借以了解全身的血液循环状态。

四、副鼻窦

副鼻窦包括额窦、上颌窦、蝶窦和筛窦，经鼻颌孔直接或间接与鼻腔相通。临床检查主要为额窦和上颌窦。一般检查方法用视诊、触诊和叩诊，也可用 X 线检查，还可应用圆锯手术探查和穿刺术检查。注意其外形有无变化。额窦和上颌窦区隆起、变形，主要见于窦腔积脓、软骨病、肿瘤、牛恶性卡他热、外伤和局限性骨膜炎。注意敏感性、温度和硬度。触诊应两侧对照进行，窦部病变较轻时，触诊往往无变化。触诊敏感和温度增高，见于急性窦炎、急性骨膜炎。局部骨壁凹陷和疼痛，见于外伤。窦区隆起、变形，触诊坚硬，疼痛不明显，常见于骨软症、肿瘤和放线菌病。健康动物的窦区叩诊呈空盒音，声音清晰而高朗。若窦腔积液，或为瘤体组织充塞，则叩诊呈浊音。叩诊时宜先轻后重，两侧对照进行，才可提高叩诊的准确性。

五、喉囊

在病理情况下，喉囊如有渗出物或积脓时，喉囊区明显肿胀隆起，通常为一侧性。触诊有热和疼痛反应，质地柔软，或有弹性和波动感，压之缩小，偶发拍水音，在触诊时同侧鼻孔往往流出鼻液，或鼻液量增加。囊内若有大量积液时叩诊可出现浊音。若有大量气体产生时，则叩诊呈鼓音。当炎症严重时，则邻近器官并发炎症，致颈前区肿胀，咽上和颌下淋巴结肿大。喉囊严重肿胀时可引起吞咽和呼吸困难，多并发咽峡炎，频频咳嗽，头颈伸直，活动不自如。

六、咳嗽

咳嗽是保护性反射动作，能将呼吸道异物或分泌物排出体外。咳嗽也是病理性的反应，当咽、喉、气管、支气管、肺和胸膜等器官，受到炎症、温热、机械和化学等因素的刺激时，通过分布于各器官的舌咽神经和迷走神经分支传达到延脑呼吸中枢，由此中枢再将冲动传向运动神经，而引起咳嗽动作。咳嗽动作是在深吸气之后，声门关闭继以突然剧烈呼气，气流猛冲开声门，而发出特征性声音。喉及上部气管对咳嗽的刺激最为敏感，因此，喉炎及气管炎时，咳嗽最为剧烈。当肺充血和肺水肿时肺泡和支气管内有浆性或血性渗出物，于是引起咳嗽。在特殊情况下，咳嗽可因呼吸器官以外的迷走神经末梢受到刺激而引起。检查咳嗽时，应注意其性质、频度、强度和疼痛。咳嗽伴有疼痛或痛苦症状者，称有痛咳。其特征为病畜头颈伸直，摇头不安，前肢刨地，且有呻吟和惊慌现象，见于呼吸道异物、异物性肺炎、急性喉炎、胸膜炎、膈肌炎、心包炎等。

第四节 直肠、肛门及泌尿系统疾病诊断

一、直肠肛

1. 病因分析

直肠脱通常见于患有急性腹泻和里急后重有关疾病的幼龄家畜。偶然性因素包括重度肠炎、体内寄生虫病、直肠疾病（如异物、裂创、憩室、膨大）、直肠与结肠末端肿瘤、尿石症、尿道梗阻、膀胱炎、难产、前列腺疾病、会阴疝以及其他干扰肛门括约肌神经正常分布的因素均可导致直肠脱。任何年龄、品种、性别的家畜都可能发生直肠脱。由于腹泻和盆腔内直肠支持组织变弱，猪直肠脱可能最常见于大多数消化道问题。牛直肠脱可能与球虫病、狂犬病、阴道脱和子宫脱有关。有时过度乘骑和跌打损伤，可能是引起青年公牛发病的原因。短尾羊，特别是育肥羔羊也常见直肠脱，高营养含量日粮可能是诱因。使用雌激素作为生长促进剂，或者具有雌激素样的真菌毒素，都可能使大家畜易患直肠脱。

2. 临床诊断

凡能发现伸长的圆筒形团块突出于肛门外，通常就可作出诊断。然而必须将它与脱出的回结肠套叠相鉴别，可使用钝性探针或者手指放在脱出的肿块与直肠内壁之间，如果是直肠脱出，器械无法插入，因为存在弯窿，常见溃疡、炎症以及直肠黏膜淤血。在脱出的早期，脱出部分较短，为无溃疡的炎性片段；脱出后期，黏膜表面变黑，可能发生充血和坏死。

3. 治疗措施

所有的家畜，最重要的是确定和消除脱出的原因。小家畜治疗措施是使脱出部分复位或者将坏死肠段切除。当家畜的脱出部分较小或者不完全脱出，可在麻醉状态下使用手指或者探针复位，以减轻脱出。在整复之前，应使用温生理盐水灌洗或者使用水溶性凝胶润滑脱出组织。此外，局部应用高渗性糖溶液50%葡萄糖或70%甘露醇）可用于缓解黏膜水肿。也可采用肛周荷包缝合5~7天。在减少脱出之前或者矫正脱出之后，可以使用局部麻醉1%地布卡因软膏）预防过度努责，或者使用麻醉药硬膜外腔麻醉。在术后推荐使用泡湿的日粮和粪便软化剂（如磺琥辛酯钠）家畜在术后出现腹泻时需要立即治疗。当直肠组织活力存在问题影响手工复位时，就应进行直肠切除和吻合术；当直肠组织有活力，但是不能顺从手工复位时，就需要剖腹术结合随后的结肠固定术，以防止复发，硬膜外麻醉可用于减少努责。大家畜的治疗建议使用尾部硬膜上腔麻醉，以降低努责程度，使脱出部分容易复

位,并允许外科手术治疗,推荐使用荷包缝合方法复位与固定。猪和羊缝合时应足够松弛,留下一指宽的开口,牛和马的开口再稍大一些。如果因为人为疏忽没有及时发的直肠脱,能生肠脱,肠的血液供应很容易中断,如果直肠脱发展成为小结肠脱出后,即使荷包缝合也往往预后不良。

直肠脱治疗方法依据直肠脱出的情况而定。一般来说,除出现明显组织坏死或者损伤,或者脱出外翻部分坚实或变硬、无法缩小以外,直肠脱可通过保守措施进行救助否则应考虑切除黏膜下层或者实施肠管截断术。重度病例直肠切除术的使用应有所保留,完全切除术发生直肠狭窄的概率较高,特别是猪易发生。在外科切除猪和羊脱出的肠环时,可使用灭菌注射器或塑料管做支撑材料,术后配合使用抗生素。羔羊可采用直肠脱出修复术,但在经济价值上一般不具有可行性。

二、直肠撕裂

1. 病因分析

家畜直肠撕裂与异物(锐性的骨头、针、其他粗糙材料)接触直肠有关,大家畜咬伤以及直肠触诊是常见的病因。裂创可能仅涉及直肠表层(部分裂创)或者穿透全层(完全裂创)。

2. 临床诊断

家畜便秘或排粪困难时通常表现出疼痛。诊断依据是家畜表现出里急后重,会阴脱色,肛门与直肠检查,直肠检查手套上有新鲜血液或者直检后的粪便上有新鲜血液,如果损伤持续存在,可能发生水肿。

3. 治疗措施

当家畜生直肠撕裂时应及时行疗,对家畜的直肠肛门区域应彻底清洗,全身应用广谱抗生素;给予静脉补液和氟尼辛葡甲胺,以预防并治疗内毒素性休克。小家畜的裂创应清创,可通过肛门缝合、剖腹缝合或者联合使用两种方法,选择哪种方法主要取决于部位和裂创的程度,术后使用抗生素和粪便软化剂(直肠检查时意外损伤牛和马的直肠,必须立即治疗,以降低腹膜炎和死亡的风险(对家畜进行直肠检查时,避免使用指尖,避免在阻力较大的区域过度推送胳膊。根据穿透组织的层次,家畜直肠撕裂分为四种类型:一级撕裂创仅涉及黏膜层和黏膜下层损,撕裂涉及破裂,撕裂涉及膜层、黏膜下层、肌层,也包括延伸到直肠系膜的损伤,四级撕裂创指全层穿孔并延伸到腹膜腔(一级撕裂创可使用广谱抗生素和输液疗法进行保守治疗,同时应给予氟尼辛葡甲胺预防并治疗内毒素性休克;经胃管投入液状石蜡,以软化粪便,日粮应由牧草或苜蓿组成。二级和三级撕裂创要求立即进行手术(四级撕裂创则预后危险,应在创口较小且没有对腹膜腔造成严重污染前抓紧修复。

第七章 畜禽内科病诊断

第一节 消化系统疾病诊断

一、家禽肠道疾病的防治措施

国内的家禽饲养中常见的肠道疾病类型较多，主要表现为家禽的食量下降、粪便较稀、过料、肠道出血等。引起家禽肠道疾病的原因很多，比如温度过高或者过低、肠道有害菌（荚膜杆菌、大肠杆菌、沙门氏菌等）、霉菌毒素、生物胺、球虫以及一些病毒性疾病等。

1.家禽肠道疾病的诱因

（1）饲料原因

霉菌毒素大多数情况下是由于饲料或原料保管不善，被霉菌污染，霉菌代谢产生的毒素积累于饲料中，家禽采食到这样的饲料，会使肠道黏膜受到破坏、肠壁变薄、肠道脆性增加，最终导致鸡群肠道疾病的发生。另外，当使用劣质饲料原料时，不但能引起吸收不良和营养不平衡，还会破坏鸡只肠道内环境，损坏肠黏膜，引起肠炎。当使用腐败原料时，会产生大量生物胺破坏肠黏膜，肠道内产生大量上皮细胞的黏液，甚至会发生肌腺胃炎症状。

（2）管理原因

舍内温度过高或者过低、换料不当、通风不良、湿度过大等。尤其是料槽和饮水系统的清洁工作，稍有疏忽（水源污染、水线长时间不冲洗、没有净槽时间），病从口入，引发肠道疾病。

（3）细菌、病毒原因

大肠杆菌和沙门氏菌等是生产中常见的引起肠道疾病的"罪魁祸首"，感染非常普遍，一旦进入鸡体内，就会破坏肠道微生物菌群的平衡，引发肠道疾病。病毒性肠炎往往是呼肠孤病毒和轮状病毒等引起。

（4）球虫感染

感染球虫后，肠道黏膜组织直接受到破坏，使肠道分泌溶菌酶、消化液的功能减弱，甚至可以危害肠道中相关的免疫细胞，从而降低了肠道的抗病力和免疫力，为其他疾病的入侵"推波助澜"。所以说球虫病是影响肠道健康和生产力的病源。

（5）坏死性肠炎

产气荚膜梭状芽孢杆菌是普遍存在的一种厌氧性微生物，是引起坏死性肠炎最主要的病原体。但引起坏死性肠炎的其他原因还很多，例如，饲料中的淀粉含量过高或蛋白质含量过高，都能引起产气荚膜梭状芽孢杆菌在肠道中繁殖，产生毒素而发病。

2. **防治肠道疾病的原则**

在治疗肠道疾病时，我们往往首先考虑到的是肠道有害菌感染或继发感染，多采用抗菌药物治疗，其次也注意到这些药物对肝和肾产生的毒副作用，却很少有人想到这些药物对肠道的损伤和采取措施保护肠道健康。我们知道肠道健康由饲料营养、肠道黏膜和肠道微生物菌群三者互作作用来维持，所以在治疗肠道疾病时，应重视肠黏膜结构的修复与功能的恢复，促进肠内共生菌群的优势地位，更有利于鸡只恢复健康。

3. **肠道疾病的防治措施**

治疗肠道疾病要配合管理和药物同时进行，管理上改善鸡场环境，尤其散养鸡，不要让鸡群喝到脏水，鸡场和鸡舍保持干燥通风，换料时要循序渐进，用一周到10天时间换完，饲料要选择质量好的，还要少添勤添，防止霉菌毒素危害，持鸡舍温度防止冷热应激照成的肠胃感冒。

用药治疗：肠毒清（肠炎肠毒特效）一包兑水300斤（不需要加量）连用3~4天料里经常添加脱霉剂防止霉菌毒素。

二、猪消化系统疾病的诊治

消化系统疾病属常见病、多发病，具有发病率高、病种多、易复发等特点。近年来，不管是在动物身上，还是在人身上，胃癌和肝癌的病死率在恶性肿瘤中排名分别为第二、第三位，大肠癌、胰腺癌患病率也呈上升趋势，消化性溃疡则是最常见的消化系统疾病之一。

1. **消化系统组成与机理**

（1）消化系统组成

消化系统由消化道和消化腺两部分组成。消化道是一条起自口腔延续咽、食道、胃、小肠、大肠、到肛门的很长的肌性管道，其中经过的器官包括口腔、咽、食管、胃、小肠及大肠等部。消化腺有大小消化腺两种。小消化腺散在消化管各部的管壁内，大消化腺有唾液腺、肝和胰，它们均借助导管，将分泌物排入消化管内。

（2）消化系统的机理功能

消化系统的基本生理功能是摄取、转运、消化食物和吸收营养、排泄废物。机械性消化和化学性消化两功能同时进行，共同完成消化过程。

2 消化系统常见的疾病的诊治与预防

（1）口部常见疾病

口腔主要病状是口腔黏膜炎症，即口炎。由于口腔黏膜发炎而敏感性增高，病畜采食谨慎，不敢咀嚼，严重时发生口腔溃疡，拒绝采食，从而影响畜体的生长发育。可分为卡他性、水疱性、固膜性和蜂窝织性等类型。非传染性病因，包括机械性、温热性和化学性损伤，以及核黄素、抗坏血酸、锌等营养缺乏症。传染性口炎见于口蹄疫、猪水疱病、猪水疱性口炎、猪水疱疹、猪痘等。

（2）咽部常见疾病

咽炎它是咽黏膜、软腭、扁桃体（淋巴滤泡）及其深层组织炎症的总称。按病程和炎症的性质，分为急性和慢性，卡他性、蜂窝织性和格鲁布氏性等类型。症状可见，头颈伸展，吞咽困难，流涎，呕吐或干呕，流出混有食糜、唾液和炎性产物的污秽鼻液。沿第一颈椎两侧横突下缘向内或下颌间隙后侧舌根部向上作咽部触诊，病畜表现疼痛不安并发生痛性咳嗽。蜂窝织性和格鲁布氏性咽炎，伴有发热等明显全身症状。常见病因包括机械性、温热性和化学性刺激，如寒冷、感冒应激时，机体防卫能力减弱，链球菌、大肠杆菌、沙门氏菌等条件致病菌发生内在感染。口蹄疫、猪瘟、伪狂犬病等也可伴有咽炎发生。

（3）食道常见疾病

食道主要常见食道阻塞与食管炎。食道阻塞和半阻塞，在猪群中发病并不常见。多因饥饿或突然喂食有块根、薯块、鱼刺、肉骨头等异物所致，一般都在采食过程中突然发生。食道炎是食管黏膜及深层组织的各类炎性疾病。症状可见轻度流涎，吞咽困难，头颈不断伸屈，精神紧张，表现疼痛。触摸探诊食管，可发现敏感，并诱发呕吐动作。原发性病因包括机械性刺激，如粗硬饲料、尖锐异物等，温热性刺激，如滚烫的饲料，以及化学性刺激。继发性食管炎见于口蹄疫，坏死杆菌病。

（4）胃部常见疾病

1）胃溃疡

胃溃疡是胃内表面局部糜烂脱落显露的出血凹陷区域。最常见的猪胃溃疡是食道区胃溃疡。分为急性型与慢性型，主要表现如下：急性型发病前无任何症状，进食饮水均无异常，突然倒地，四肢游动，口鼻内流出大量暗红色血液，呼吸迫促，皮肤和可视黏膜苍白；剖检可见到胃及十二指肠内充满大量暗红色血液，内容物呈酱油色食糜，胃内有溃疡病灶。慢性型病猪可见食欲减退，不爱运动，皮肤及可视黏膜逐渐苍白，贫血症状明显，粪便干结，表面黑色，仔细查看表面有黏液和血液，尿少；病猪采食量减少，生长受阻、消瘦；个别猪可耐过，大多数终归死亡。剖检胃内、肠内充满酱油色食糜，胃内溃疡病灶蔓散，黏膜脱离。其主要病因有饲料、环境应激及饲养管理因素、疾病等因素。

2）胃肠炎

胃肠炎是胃黏膜和肠黏膜及黏膜下层组织重剧炎性疾病的总称，包括黏液性、脓性、出血性、纤维素性、坏死性等炎症类型。病猪初期仅表现消化不良症状，精神不振，食欲减少，粪便带黏液。随着病症的加剧，当机体吸收有毒的分解产物和细菌产生的毒素后，猪机体出现代谢障碍和消化机能紊乱，使病猪食欲骤减乃至废绝，出现先便秘而后拉稀的症状，也有的直接表现拉稀症状。拉出的粪便似稀糊状或水样，气味酸且恶臭，稀粪便中混有肠黏膜、未完全消化的饲料残渣及气泡。病症后期，病猪肛门括约肌松弛，甚至直肠脱出，排粪失禁，发生脱水症状，表现为眼球下陷，目光无神，尿量少或不见排尿，皮肤弹性消退，被毛粗乱无光泽；甚至出现自体中毒症状，治疗不当转归死亡，病程急短。剖检病猪，肠内容物恶臭并混有血液，肠黏膜呈现出血或坏死，黏膜下层水肿，坏死组织剥离后，可见烂斑或溃疡。胃肠炎的病因与饲养管理、饲料品质、使用药物、其他疾病继发有关。

（5）疾病防治

1）加强饲养卫生管理，严格消毒与疫苗接种制度。首先做好烈性消化道病毒病等疫苗接种。其次做好卫生消毒工作。彻底打扫、清除垃圾、粪便、污物等并做生物热消毒处理；经常洗刷、冲洗。使用化学消毒药喷洒，如2%氢氧化钠、5%～20%漂白粉等喷洒消毒。也可用2～3种不同类型的消毒剂进行轮换消毒。如有条件可进行畜舍内的熏蒸消毒。

2）发病及时治疗，必要时进行隔离等措施。

3）对症治疗，对因治疗：准确的诊断，找出病因。当病发严重、紧急时，可以先采取对症治疗，缓解病畜机体自身状况。治疗仔猪腹泻以抗菌、补液、收敛、母仔兼治为原则。母猪分娩前可适当给予轻泻剂，以防便秘。哺乳母猪料可添加林可霉素等药物。对下痢仔猪可使用硫酸粘杆菌素、土霉素、磺胺类药物等药物。在1窝的猪中有1头发病，全窝仔猪都要治疗。对于腹泻和呕吐要进行补液：腹泻导致的主要是脱水、酸中毒、离子失调，所以病猪常因此死亡；故要补足适宜的电解质溶液，可用2%葡萄糖补液盐，电解多维等口服。必要时，可以进行输液治疗。

第二节　呼吸系统疾病诊断

呼吸困难是复杂的呼吸障碍，不仅表现呼吸频率的增加和深度与节律的变化，而且伴有呼吸肌以外的辅助呼吸肌有意识的参与活动，但气体的交换不完全。

一、病因与发生机理

呼吸困难的原因主要是体内氧缺乏，二氧化碳和各种氧化不全产物积聚于血液内并循环于脑而使呼吸中枢受到刺激，高度呼吸困难称为气喘。引起呼吸困难的原因主要有以下几方面：

1. 呼吸系统疾病

呼吸困难是呼吸系统疾病的一个重要症状，主要是呼吸系统疾病引起肺通气和肺换气功能障碍，导致动脉血氧分压低于正常范围和二氧化碳在体内潴留。常见于上呼吸道狭窄和阻塞（如鼻炎、鼻腔狭窄、喉炎、喉水肿、咽炎、气管和支气管炎、上呼吸道肿瘤及异物等），肺脏疾病（如各种肺炎、肺淤血、肺坏疽、肺水肿、肺气肿等），胸廓活动障碍性疾病（如胸廓畸形、胸腔积液、气胸、胸膜炎、胸膜粘连等）。

2. 腹压增大性疾病

由于腹压增加，压迫膈肌向前移动，直接影响呼吸运动。见于瘤胃积食、瘤胃臌气、胃扩张、肠臌气、腹水等。

3. 心血管系统疾病

各种原因引起的心力衰竭最终导致肺充血、淤血和肺泡弹性降低，见于心肌炎、心脏肥大、心脏扩张、心脏瓣膜病、渗出性心包炎等。

4. 中毒性疾病

分为内源性中毒和外源性中毒。内源性中毒主要是各种原因引起机体的代谢性酸中毒，血液中二氧化碳含量升高，pH下降，直接刺激呼吸中枢，导致呼吸次数增加，肺脏的通气量和换气量增大，见于反刍动物瘤胃酸中毒、酮病、尿毒症等。外源性中毒是某些化学物质影响机体血红蛋白携带氧的能力或抑制某些细胞酶的活性，破坏了组织的氧化过程，造成机体缺氧，常见于亚硝酸盐中毒、氰氢酸中毒。此外，有机磷中毒、安妥中毒、敌百虫中毒、氨中毒等疾病时，呼吸道分泌物增多，支气管痉挛，因肺水肿而出现呼吸困难。

5. 血液疾病

严重贫血、大出血导致红细胞和血红蛋白含量减少，血液氧含量降低，导致呼吸加速、心率加快。

6. 中枢神经系统疾病

许多脑病过程中，颅内压增高，大脑供血减少，同时炎症产物刺激呼吸中枢，引起呼吸困难。见于脑膜炎、脑出血、脑肿瘤、脑外伤等

7. 发热

体温升高时由于致热物质和血液中的毒素对呼吸中枢的刺激，使呼吸加速，严重者发生呼吸困难，常见于严重的急性感染性疾病。

二、临床表现

临床上一般将呼吸困难分为吸气性呼吸困难、呼气性呼吸困难和混合性呼吸困难三种。

1. 吸气性呼吸困难

指呼吸时吸气动作困难。特点为吸气延长，动物头颈伸直，鼻孔高度开张，甚至张口呼吸，并可听到明显的呼吸狭窄音。此时呼气并不发生困难，呼吸次数不但不增加，反而减少。见于上呼吸道狭窄或阻塞性疾病。

2. 呼气性呼吸困难

指肺泡内的气体呼出困难。特点为呼气时间延长，辅助呼气肌参与活动，呼气动作吃力，腹部有明显的起伏现象，有时出现两次连续性的呼气动作（称为两段呼吸）。在高度呼气困难时，可沿肋骨弓出现深而明显的凹陷，即所谓的"喘沟"或"喘线"，此时动物腹肋部肌肉明显收缩，肷窝变平，背拱起，至肛门突出。在呼吸困难时，吸气仍正常，呼吸频率可能增加或减少。多见于细支气管炎、细支气管痉挛、肺气肿、肺水肿等。

3. 混合性呼吸困难

指吸气和呼气同时发生困难，呼吸频率增加。见于肺脏疾病、贫血、心力衰竭、胃肠臌气、中毒、中枢神经系统疾病和急性感染性疾病等。

三、家禽呼吸系统疾病及诊治

1. 常见病症

家禽的呼吸道疾病种类很多，最常见的呼吸道疾病包括传染性喉气管炎、传染性支气管炎、传染性鼻炎以及新城疫。每一种病症对应的症状及发病机理都不相同。

（1）传染性喉气管炎

传染性喉气管炎多发于成年禽类中，这种病具有较强的传染性，传播速度较快，潜伏时间较短，一旦发病，死亡率最高可达到60%。发病时的症状表现为禽类呼吸困难，有喘息尖叫生，并且伴有痉挛性咳嗽、痰液带血粘稠等，最终由于呼吸困难而死。

（2）传染性支气管炎

传染性支气管炎在禽类中属于高度接触性急性传染病，各个龄段的禽类都可能感染该病。该病的传染率极高，一旦禽类中有一只感染，周围的禽类都会受到感染。感染传染性支气管炎的禽类的症状表现为精神沉郁、逐渐消瘦，鼻涕呈现粘液状，并且伴随咳嗽症状。雌性禽类的产蛋量下降，并且大多为畸形蛋、软壳单等。

（3）传染性鼻炎

禽类传染性鼻炎属于病毒感染性疾病，具有传播速度快、发病率高的特点，但是与前两种呼吸道传染病不同，传染性鼻炎的死亡率较低。但是患病的禽类生长会减缓，并且产蛋量下降。传染性鼻炎的症状表现为流泪、水肿、食欲下降等，雌性禽类的产蛋量明显下降。

（4）新城疫

新城疫是一种高传染性、高发病率、高死亡率的三高传染性疾病，又称为亚洲禽瘟。

典型的新城疫的主要症状表现为发热、呼吸困难、下痢、神经紊乱、黏膜和浆膜出血等，通常很容易被人们识别而进行救治。非典型新城疫的症状往往容易被人们忽视，当禽类出现呼吸道疾病惯有的症状，并且伴随转圈、歪脖或者观星状等非正常行为表现时，则需要考虑禽类感染新城疫。

2. 预防治疗

（1）家禽呼吸系统疾病的预防

1）加强环境清洁卫生

目前，家禽的生存环境比较复杂，针对消毒、清洁、防疫、人员进出等事项没有明确规定，导致饲养环境内环境较差，人员流动密集，对饲养环境内微生物的传播有很大影响。因此，需要加强家禽养殖环境卫生，注意家禽舍内通风。定期对家禽舍内环境进行消毒，消毒时需要将全部家禽赶出禽舍，然后喷洒消毒液进行彻底消毒，待消毒液充分发挥作用之后，再允许禽类入舍。并且保证禽舍有良好的通风，在气候温度适宜的季节保证足够的通风，在比较寒冷的季节要注意禽舍供暖。

2）加强防疫意识

疫苗接种是预防传染病的重要措施，但是由于饲养员对接种的不重视，没有针对性的对禽类进行预防接种，每年都有大量的禽类感染传染病死亡的案例发生。因此，需要提高对预防接种的重视，养成定期接种疫苗的习惯。同时，需要到正规的畜牧兽医站进行接种，避免私自购买接种疫苗接种。

3）加强禽类疾病防治的专业性

随着对家禽免疫意识的越来越强，以及各个财政经费对家禽免疫方面的补助越来越高，村镇家禽防疫人员的收入水平有所提升，但是相比其他行业，收入水平持续较低，很多免疫工作人员转行，人才流失。而且，家禽防疫工作比较辛苦，每年需要对成千上万只家禽进行检疫，在传染病高发期，工作量更是大大增加。并且，家禽检疫本身存在一定的风险，向家禽流感发展成为人类的传染病手足口病，禽流感更是存在很多变种，这对检疫人员的人身健康构成威胁，因此，很多专业人员避免从事一线检疫工作。提高检疫人员的收入，是目前吸引专业技术人员的直接措施。

（2）治疗

在养殖过程中，一旦发现有家禽感染呼吸道疾病，需要立刻将感染家禽进行隔离治疗，并且密切观察症状，从而正确判断患病种类。根据症状对其他没有患病的家禽进行防疫监控，并且加强消毒。在防疫监控过程中，对出现患病症状的家禽，需要进行隔离治疗，并且上报到兽医站，请专业的兽医进行治疗，防止疫情扩大。

第三节 泌尿系统疾病诊断

一、家禽泌尿系统疾病诊断

鸡肾脏疾病通常是指一种或多种诱因引起的表现为肾脏肿胀、贫血或出血、坏死及尿酸盐沉积等病理变化的一类疾病的总称。这些病理变化有时是可逆性的，即诱因消除后病变随之减轻并逐渐消失，有时是不可逆性的，即使诱因消除，也不能完全恢复。

1. 肾脏的生理功能

肾脏是鸡泌尿系统的重要器官，它的主要生理功能体现在维持机体内环境和内分泌两个方面。

（1）排泄体内的废物、毒物和药物，参与体内水、渗透压、电解质、酸碱平衡的调节，通过这些功能来净化机体内环境及维持稳态。

（2）合成与分泌多种生物活性物质，如肾素、促红细胞生成素、前列腺素与维生素 D3 的活化等。

2. 引起肾脏疾病的因素

因为肾脏有多种重要的生理功能，因而鸡的各种生理活动发生变化时，都会对肾脏产生或轻或重的影响，因此引起肾脏疾病的原因也复杂多样。大体上可将导致肾脏疾病的因素分为两大类：感染性因素和非感染性因素。

（1）由感染性因素引起的肾脏病变

1）鸡病毒性肾炎：由肠道病毒的小 RNA 病毒引起，能够引起雏鸡的间质性肾炎并影响其生长发育。可在肾皮质出现炎症病灶，肾小管上皮细胞变性和坏死脱落，并有明显的增生现象，导致肾功能衰竭，继而发病。

2）肾传支：鸡传染性支气管炎（IBV）有众多血清型，其中肾型 IB 是肉鸡发生尿酸沉积的主要因素。肾型传支病毒在肾小管上皮细胞中大量增殖引起黏膜损伤，使尿酸盐排泄受阻，病鸡排出尿酸盐稀粪，从发病至死亡历时 5~7d；剖检可见气管内有黏稠分泌物，气管和肺充血或出血，肾肿大，肾小管扩张，肾小管内充满白色尿酸盐。

3）鸡传染性法氏囊（IBD）：一年四季均可发病，鸡群发病突然，传播快，鸡体温升高，精神萎靡，食欲下降或废绝，排白色水样稀便，感染后 3d 部分死亡。剖检可见机体脱水，胸肌或腿肌呈出血点状或条状，法氏囊先肿大后萎缩，重者呈紫葡萄状，由于 IBDV 有嗜肾性，常常引起肾脏肿胀，有白色尿酸盐沉积，输尿管也常有尿酸盐沉积而扩张。

4）雏鸡白痢：多数在 5～6 日龄发病，下痢、排出灰白色粪便，肝肿大、有条状出血、胆囊扩张、充满胆汁，肺脏上有灰白色或黄色坏死结节，心包增厚，心脏上有结节状，肾脏肿大、暗红色充血或苍白色贫血，输尿管有尿酸盐沉积。

（2）由非感染性因素引起的肾脏疾病

1）中毒

氨基糖苷类抗生素、磺胺类长期使用或用药量过大造成药物中毒，如：磺胺类药物及其乙酰化代谢产物酸性环境下容易在肾脏析出结晶，造成肾脏的损害；食盐中毒、霉菌毒素、杀虫剂和某些消毒剂也可引起肾脏不同程度的损害，表现为肾脏肿胀、尿酸盐沉积、充血、出血等病变。

2）长期维生素缺乏或过量

维生素 A 缺乏容易引起输尿管和肾小管黏膜角质化，引起黏膜分泌减少，从而使尿酸盐的溶解度降低，容易造成尿酸盐在输尿管中沉积，同时角质化的黏膜上皮比较容易脱落，引起尿路障碍，导致尿酸盐沉积、肾单位破坏、肾功能衰竭。维生素 D 缺乏，可使体内矿物质特别是钙磷的代谢紊乱、比例失调而引发痛风。但高水平的维生素 D 又增强了钙在肠道中的吸收，造成高钙血症，大量的钙盐就会从血液中析出，沉积在肾脏，引起肾肿。当日粮中维生素 D 水平高达 400 万国际单位 /kg 或更高水平时，常引起肾小管营养不良性钙化而使肾脏受到损伤。

3）饲料中的蛋白质长期的过高或氨基酸不平衡

由于家禽的生理特点，肝内没有精氨酸酶，氮的代谢最终产物为尿酸。饲料中蛋白过高或者氨基酸不平衡，均会导致氮的排出量增加，使代谢中生成的尿酸过多，超过肾脏的最大排出量时，就会使尿酸盐在肾脏和体内蓄积，导致肾脏损害和痛风的发生。

3. 预防措施

（1）做好马立克氏病、鸡传染性法氏囊、新城疫、禽流感和传染性支气管炎的免疫接种工作。肾型传支多发地区，鸡群应选择含有肾型传支病毒弱毒株的疫苗进行免疫。

（2）加强饲养管理，定期消毒，温度、密度适宜，让鸡有充足的空间活动，及时的通风换气，供给充足清洁的饮水。肉用仔鸡饲料中含钙不应超过 1%，小母鸡饲料中含钙不超过 1.2%，产蛋鸡饲料中含钙不超过 4%。不要过早换为成鸡料，若鸡生长水平不均匀，要把体重轻的鸡隔离饲养，待体重达标后再换为成鸡料，避免由于成鸡料中钙质含量高而发生痛风。

（3）治疗球虫或感染性疾病时，要注意药物的毒副作用，特别是对肾脏损伤较大的磺胺类药物、氨基糖苷类药物应慎用，使用的剂量不要过大，时间不要过长，以免药物中毒。并且使用磺胺类药物时，一定要添加倍量的碳酸氢钠，以使尿液呈碱性从而提高磺胺类药物及其乙酰化产物的溶解度，以利于排出。

（4）预防中毒。清洁料槽，清除料槽四周残存的潮湿的饲料，少用贮存时间长的饲料，饲料中加入防霉剂，将鼠药、苍蝇药远离饲料和鸡只。勿用普通消毒液饮水，如饮水确需消毒。

二、家畜泌尿系统疾病诊断

1. 通过猪尿来辨别猪病的方法

（1）排尿频率增加（尿频）

猪明显排尿次数增加，但每次排尿量降低，且排尿时姿势不正常。一般多见于膀胱炎、膀胱或尿道结石。

（2）少尿或无尿

排尿次数减少，每次排尿量也会减少，多见于急性肾炎或机体严重脱水。频频怒责但排不出尿，多为膀胱破裂，输尿管、或尿道阻塞。

（3）血红蛋白尿（酱油尿）

尿液呈茶色或酱油色，放置后无沉淀产生，显微镜下检查也无红细胞，但存在血红蛋白。此症多见于寄生虫病、如钩端螺旋体病和附红细胞体病。

根据排尿过程中，血尿出现的时间段可进行判断

（4）浑浊尿

猪排出的尿液呈白色、浑浊，若放置后无沉淀产生，为细菌尿；若放置后有絮状沉淀产生，为脓尿，多是由于泌尿系统感染导致的。有时，膀胱或尿道结石，会在尿道口处看到石灰样粉末。

（5）血尿

根据排尿过程中，血尿出现的时间段可进行判断。

起始排血尿，中末段排正常尿液，说明前尿道感染；若开始排正常，终末段排血尿，多为急性膀胱炎或膀胱结石；若全程都是血尿，则可能是肾脏出现问题。

母猪尿路感染较多见于能繁母畜，尤其是妊娠期、分娩期前后的母猪最为高发

2. 母猪尿路感染的症状特点及危害

（1）猪尿路感染的危害

母猪尿路感染较多见于能繁母畜，尤其是妊娠期、分娩期前后的母猪最为高发。症见病畜小便黄赤、血尿、尿液浑浊、尿淋漓不尽等，严重者还可出现尿路结石、尿潴留、排尿不畅等，本病属于常见高发的母猪产科炎症之一。

其危害在于：

引起炎症的病原体（细菌、病毒、真菌、血液原虫等）除了下段尿路（膀胱、尿道）炎性病变之外，还可能蔓延至上段泌尿器官（肾脏）并引起肾盂肾炎，肝肾的病变会导致

家畜免疫力下降；结合临床实践观察，繁殖母猪的泌尿与生殖系统密切相关、相互影响，常见的母猪"三炎症（子宫内膜炎、生殖及泌尿道炎、乳房炎）"多是同时发生，轻者造成母畜综合生产性能、综合繁殖性能下降，重者直接死亡，养殖效益也因此大打折扣。

患病母猪尿道一般均表现为短而宽，对外关闭水平低，易逆行感染

（2）猪尿路感染发病原因分析

患病母猪尿道一般均表现为短而宽，对外关闭水平低，易逆行感染。再者种猪妊娠、分娩易造成膀胱颈括约肌松弛开放。交配、人工授精、分娩易对尿道造成伤害。

尿路末端、阴道下端存在动态微生物群：如大肠杆菌、链球菌、葡萄球菌等病原体。它们是条件性致病菌，一旦侵入，不仅本身引发疾病，也为一些致病菌，如猪放线菌（棒状杆菌）、假单孢菌、化脓链球菌、无乳链球菌、金葡萄球菌入侵提供了机会。

猪舍应保持清洁干燥，母猪临产时要调换清洁垫草

3.猪泌尿系统疾病的预防和治疗

猪舍应保持清洁干燥，母猪临产时要调换清洁垫草。在助产时要严格注意消毒，要轻巧细致。

产后应加强饲养管理，人工授精要严格遵守消毒制度。在处理难产取完胎儿、胎衣之后，将抗生素装入胶囊内直接塞入子宫腔可预防子宫炎的发生。

（1）泌尿系统感染病，多是由厌氧菌所致，所以治疗应选用抗菌中草药。

（2）膀胱炎、尿道炎、肾炎等，个体发病，可以用鱼腥草提取物拌料。同时加强猪舍内环境卫生管理和定期消毒。

（3）膀胱结石、尿道结石，无特效方案治疗且反复发病率高,建议确诊后建议直接淘汰。

（4）防治兽药建议用中草药鱼腥草提取物。

第四节 内分泌系统疾病诊断

一、发生原因

营养物质摄入不足或过剩。因饲料的短缺、单一、质地不良，饲养不当等均可造成营养物质缺乏。为提高畜禽生产性能，盲目采用高营养饲喂，常导致营养过剩。如日粮中动物性蛋白饲料过多常引发痛风，高浓度钙日粮造成锌相对缺乏等。

营养物质需要量增加。如产蛋及生长发育旺期，对各种营养物质的需要量增加；慢性寄生虫病、马立克氏病、结核等慢性疾病对营养物质的消耗增多。营养物质吸收不良。一是消化吸收障碍，如慢性胃肠疾病、肝脏疾病及胰腺疾病；二是饲料中存在干扰营养物质

吸收的因素，如磷或植酸过多降低钙的吸收等。参与代谢的酶缺乏分为获得性缺乏和先天性缺乏，获得性缺乏见于重金属中毒、有机磷农药中毒，先天性酶缺乏见于遗传性代谢病。内分泌机能异常，如锌缺乏时血浆胰岛素和生长激素含量下降等。

二、临床特点

在集约饲养条件下，特别是饲养管理不当造成的营养代谢病，常呈群发性，同舍或不同舍的家禽同时或相继发病，表现相同或相似的临床症状。营养代谢病的发生一般要经历化学紊乱、病理学改变及临床异常。从病因作用至呈现临床症状常需数星期、数月乃至更长时间。营养代谢病常影响动物的生长、发育、成熟等生理过程，表现为生长停滞、发育不良、消瘦、贫血、异嗜、体温低下等营养不良症候群，产蛋、产肉减少等。在慢性消化疾病、慢性消耗性疾病等营养性衰竭症中，缺乏的不仅是蛋白质，其他营养物质如铁、维生素等也显不足。呈地方流行。由于地质方面的原因，土壤中有些矿物元素的分布很不均衡。我国缺硒地区分布在北纬21~53°和东经97~130°，呈1条由东北走向西南的狭长地带，包括16个省、市、自治区，约占国土面积的1/3。我国北方省份大都处在低锌地区，以华北面积为最大，在这些地区应注意家禽的硒缺乏症和锌缺乏症。

三、诊断要点

流行病学调查着重调查疾病的发生情况，如发病季节、病死率、主要临床表现及既往病史等；饲养管理方式，如日粮配合及组成、饲料的种类及质量、饲料添加剂的种类及数量、饲养方法及程序等；环境状况，如土壤类型、水源资料及有无环境污染等。临床检查应全面系统，并对所搜集到的症状，参照流行病学资料，进行综合分析。根据临床表现有时可大致推断营养代谢病的可能病因，如家禽的不明原因的跛行与骨骼异常，可能是钙、磷代谢障碍病。有些营养代谢病可呈现特征性的病理学改变，如关节型痛风时关节腔内有尿酸盐结晶沉积；其维生素A缺乏时禽的上部消化道和呼吸道黏膜角化不全等。实验室检查主要测定患病个体及发病禽群血液、羽毛及组织器官等样品中某种（些）营养物质及相关酶、代谢产物的含量，作为早期诊断和确定诊断的依据。

四、防治措施

实验室检查主要测定患病个体及发病禽群血液、羽毛及组织器官等样品中某种（些）营养物质及相关酶、代谢产物的含量，作为早期诊断和确定诊断的依据。营养代谢病的防治要点在于加强饲养管理，合理调配日粮，保证全价饲养。开展营养代谢病的监测，定期对禽群进行抽样调查，了解各种营养物质代谢的变动，正确估价或预测禽的营养需要，早期发现病禽。实施综合防治措施，如地区性矿物元素缺乏，可采用改良植被、土壤施肥、植物喷洒、饲料调换等方法，提高饲料中相关元素的含量。

第五节 免疫系统疾病诊断

一、过敏性休克

过敏性休克是特异性变应原作用于致敏动物而引起的，以急性循环衰竭为特征的全身过敏反应。各种家畜均可发病，多见于犬。家畜接触变应原后短时间内即可出现症状。病犬初期烦躁不安，皮肤有红斑、瘙痒、肌肉震颤、出汗、流涎、呕吐、呼吸困难，黏膜发绀，心动过速，血压急剧下降，昏迷并抽搐。轻者意识朦胧，重者完全丧失，甚至出现血管性虚脱和循环衰竭。一般来说，抗原刺激后症状出现得越晚，病情越轻，病犬恢复越快，常在数小时甚至数天即可完全恢复。犬越早进行治疗，预后越好。过敏性休克一旦发生，应立即除去致敏因素，进行抢救。在早期过敏性休克的治疗中，首要的急救措施在于迅速纠正循环衰竭状态，其中最有效的药物是0.1%肾上腺素，皮下或肌肉注射。剂量为马、牛2~5mL，猪、羊0.2~1.0mL，犬0.1~0.5mL。此外，还可配合应用各种抗组胺药物、肾上腺皮质激素或其他中枢兴奋剂。

过敏性休克是注射大量异种血清所致的机体与特异病原接触后短时间内发生的一种急性的全身性过敏反应，近几年常因免疫注射、临床治疗等发生过敏反应。

1. 病因

（1）异种血清

马、牛破伤风抗毒素，各种治疗血清（猪用、犬用等）。

（2）疫苗

破伤风类毒素、布病、炭疽、口蹄疫、犬疫苗、猪瘟、肺疫、丹毒、鸡（禽）疫苗。

（3）生物提取

物肾上腺素、甲状腺素、胰岛素、性激素（雄性激素、雌性激素）。

（4）抗生素青霉素、链霉素、四环素、磺胺类等都能引起过敏。

（5）病毒、细菌、寄生虫产生的内、外毒素。

2. 临床表现

（1）马表现呼吸困难，心动过速，结膜发绀，全身出汗，倒地惊厥，常于1h内死亡。病程拖延的则肠音连绵，频频水样稀便。

（2）牛、羊严重呼吸困难，目光惊惧，肌肉振颤，肺音粗厉，有水泡音，由鼻孔流出奶油状泡沫鼻液，通常在2h内康复，继发肺气肿时，呼吸困难继续存在。

（3）猪表现虚脱，步态蹒跚，卧地抽搐，心衰，多于数分钟内死亡。

（4）犬表现兴奋不安，随即呕吐，排血性粪便，呼吸抑制，昏迷，甚至死亡。

3. 防治措施

作用于肾上腺素-受体的各种拟肾上腺素药，能稳定肥大细胞，制止脱粒作用，还能兴奋心肌，收缩血管，升高血压，松驰支气管平滑肌，是控制急性过敏反应、抢救过敏性休克的最有效的药物。如配合抗组织胺类药物则疗效更佳。

（1）使用新药，应阅读药物的组成成份，适应症及使用说明书，对症用药，不能随意加大药量。

（2）为避免由于急性过敏造成的不必要死亡，防治注射后应注意观察家畜，发现过敏症状应及时对症急救。

（3）常用的是0.1%肾上腺素注射液，牛、马皮下或肌肉注射2～5mL，静脉注射1～3mL；猪、羊皮下或肌肉注射0.2～1mL，静脉注射0.2～0.3mL；犬皮下或肌肉注射0.1～0.5mL，静脉注射0.1～0.3mL。

（4）选择以下药物配伍使用。

1）苯海拉明注射液肌肉注射，马、牛0.5～1.1mL/mg体重；猪、羊0.04～0.06mg/kg体重。

2）盐酸异丙嗪注射液肌肉注射，马、牛0.25～0.5g；羊、猪0.05～0.1g；犬0.025～0.1g。

3）强力解毒敏注射液肌肉注射，马、牛20～40mL；猪、羊5～10mL；犬2～4mL。

4）治疗

①牛、马、骡处方：维生素C10mL5支；25%葡萄糖500mL2瓶。

用法：一次静点。

②猪、羊处方：维生素C10mL2支；25%葡萄糖500mL1瓶。

用法：一次静点。

二、系统性红斑狼疮

系统性红斑狼疮是由于体内形成抗血细胞抗体、抗核抗体等抗各种组织成分的自身抗体所致的多系统非化腺炎症性自身免疫病。本病具有免疫复合物疾病和高抗体反应性的特点，易于产生自身抗体，是Ⅱ型和Ⅲ型变态反应的并发症。本病主要发生于犬，马和鼠也有发病的情况。免疫复合物在机体小血管壁周围沉积，几乎遍及全身各组织器官的损伤，临床上家畜出现滑膜炎、皮肤反应、口腔糜烂和溃疡、心肌炎、尿道炎、脑膜炎、关节炎、骨髓痛、肾小球肾炎和胸膜炎等。病畜间歇性发热，倦怠无力，食欲减退，体重降低并伴有溶血性贫血，可视黏膜苍白，血红蛋白尿。有的出现血小板减少性紫癫。有些病犬鼻、面、耳部出现对称性脱毛，出现红色疹块，形同小盘，附着有鳞屑和毛囊角化栓，日光照射则病变加剧，陈旧病变可形成萎缩性瘢痕，称为盘状红斑狼疮。

感染、肾功能衰竭和神经系统损害是造成患病动物死亡的主要原因。本病临床诊断困难，系统性红斑狼疮以存在抗核抗体为特征，根据临床综合症状，结合对这些抗体或相关的红斑狼疮细胞的检测有助于诊断。对全身症状轻，仅表现皮疹、关节炎的病畜可用羟基氯喹等药物和非类固醇类解热镇痛药进行治疗。但对全身症状严重，有明显脏器损伤的病畜，需要用激素或细胞毒药物治疗。强的松、强的松龙等肾上腺皮质激素是急性病例的首选药物，一般按每天0.5~5.0mg/kg，激素剂量的确定以发热是否被控制为标准。随着症状的缓解，应考虑减少用药量，以减轻副作用。同时配合应用环磷酰胺、硫唑嘌呤等免疫抑制剂，效果更好。家畜所有临床症状消失后，应持续用药2~3个月。

三、自身免疫溶血性贫血

自身免疫溶血性贫血是动物自身红细胞抗体造成慢性网状内皮系统溶血和（或）急性血管内溶血的免疫性疾病。本病属Ⅱ型变态反应，主要发生于犬和马。原发性自身免疫溶血性贫血的病因尚未明确，可能是机体在遗传和环境因素的作用下，刺激机体产生自身抗体，破坏了造血系统的红细胞。

对于大多数动物而言，继发性因素包括药物、注射疫苗、病原微生物感染和新生肿瘤等因素。本病临床上主要表现最急性型、急性型和慢性型三种。最急性型常见于中年、较大型犬，精神极度沉郁，24~48h内红细胞压积急剧降低，伴随胆红素血症和黄疸，有时出现血红蛋白尿。在3~5d内出现可视黏膜苍白，并呈现血小板减少和血栓形成现象。Coombs氏试验常呈阴性，红细胞试管和玻板凝集试验明显。血清含有自身抗体，可凝集大多数供体红细胞。急性型初期即可出现贫血，可视黏膜苍白，疲倦，但黄疸少见，肝脏和脾脏肿大。因骨髓增生，白细胞数增加，一般红细胞自身不发生凝集。Coombs氏试验阳性。慢性型初期可出现贫血，但反应轻微，红细胞压积降低至恒定水平，并保持数星期或数月，Coombs氏试验常呈阴性。最有效的治疗方法是尽早用大剂量的肾上腺皮质激素和环磷酰胺，强的松或强的松龙初量可按1~2mg/kg体重，加入5%葡萄糖生理盐水中静脉注射，每12小时1次，需要长期用药，否则容易复发。治疗本病时一般不宜输血，以免因输血而加重溶血，增强产生抗体，抑制骨髓对贫血的正常反应。最急性型常预后不良。

第八章 畜禽寄生虫诊断

第一节 病原学诊断技术

一、粪便内虫卵检查法

粪便中查找寄生虫卵是临床常规检查项目之一。提高寄生虫卵的检出率，可为临床提供可靠的诊断资料。畜禽粪便内虫卵检查法适用于检查寄生于消化道及与消化道相连器官（肝、胰）中的寄生虫，也可用于检查呼吸道的寄生虫，因其虫卵或幼虫常随痰液被咽下随粪便排出。供检粪便必须是新鲜的，否则因虫卵发育或变形而不易鉴别，还必须是该病畜的粪便，有时可由直肠直接采取。应在装粪的容器或纸包上注明号数或畜名，以免混淆。检查前应先注意观察粪便的颜色、稠度、气味、粘液多少、有无血液及饲料消化程度等，以供综合判断病性。还应注意观察有无蝇蛆、线虫或绦虫节片等。

1. 直接涂片检查法

此法简便易行，但在虫卵数量不多时检出率不高，要求每次做数片逐一镜检。在载玻片上滴加清水或甘油水（甘油、常水等量）数滴。由粪便的各个部位取总量约为黄豆大的粪块，放在载玻片水滴内压碎，用小镊子将粪块在水中翻转几次，尽量除去粪渣，将粪液涂成略小于盖片的薄膜，薄膜厚度以能透视书报上的字迹为度。加盖玻片镜检。先用低倍镜顺序查盖玻片下所有部分，发现有疑似虫卵物体时，再用高倍镜仔细观察。因一般虫卵屈光性较强，镜检时应使视野稍暗一些（聚光器向下移）。注意事项：直接涂片法玻片是一个平面，粪便与盐水混合后，虫卵混在其中，不易从中游离出来，容易造成漏诊，因此操作需细致。

2. 饱和盐水浮集法

饱和盐水浮集法适用于比重较轻的线虫卵、绦虫卵和球虫卵囊。

（1）饱和盐水的配制

在煮沸的常水内不断加入普通食盐，直到不再溶解为止（每100mL热水中需加食盐

35～40g），放凉后用棉花滤过。配好的盐水应放在比较温暖（室温13℃以上）的地方，否则食盐析出，液体比重下降，影响检查效果。

（2）操作方法

取供检粪便5～10g，加入少量饱和盐水，用玻璃棒搅拌成泥状，再添加饱和盐水至100～200mL，彻底搅拌，通过两层纱布（或40～60目筛）滤去粪渣，将滤液分装于试管或小瓶内（管口或瓶口必须平整、干燥，否则粪液容易外流），使液面稍凸出于管口，经5～10min，用载玻片轻贴液面，蘸取粪液，迅速翻转，加上盖玻片，即可镜检。

3. 水洗沉淀法

水洗沉淀法适用于比重较大的吸虫卵和棘头虫卵。从供检粪便的不同部位采取粪块（取粪量随检查目的而定，由数克至数十克或全量），放入杯内或其他容器内，加入少量水，捣成泥状，再加较少量水充分搅拌，通过两层纱布（或40～60目筛）滤到另一容器内，然后加满常水，静置0.5h后，小心地倾去上层液体（避免沉渣浮起），再加水与沉淀物重新拌匀，再静置，如此反复数次，直至上清液透明为止。然后小心地倾去上层液，用吸管吸取沉渣滴于载玻片上，加盖玻片镜检。

4. 锦纶筛兜集卵法

取粪便5～10g，加水搅匀，先通过40～60目铜丝筛过滤，滤液再通过260目锦纶筛兜过滤，并加水于锦纶筛兜内冲洗，直到洗出液体清亮透明为止。而后挑取筛兜内粪渣，在镜下检查。此法适用于一般中等大小（宽度在60μm以上）和大型虫卵。

5. 虫卵计数法

虫卵计数法用于了解动物感染蠕虫的强度或判定驱虫的效果。

（1）浮集法

计算虫卵用100mL量杯，装入饱和盐水45mL，然后加入供检粪便，使液面上升到50mL的刻度处（粪便量即为5cm³）充分搅拌，经两层纱布（或40～60目铜丝筛）滤过，将滤液收集在50mL的三角烧瓶内，然后滴加饱和盐水，使液面凸出于瓶口，静置10min，用载玻片或盖片沾取粪液镜检，计算虫卵，计算完了再沾取第二片、第三片……依次计算至不再发现虫卵为止，所计算的全部虫卵数，即为5cm³粪便含有的虫卵总数。

（2）水洗沉淀法

计算虫卵称取一定量（1～5g）的供检粪便，依水洗沉淀法完成全部操作过程后，将全部沉渣一一吸取镜检，得到虫卵总数，算出每1g粪便的虫卵数。对同一病畜的粪便进行多次检查时，操作程序必须一致，以便得出相对的正确结果。为了判定驱虫效果，在驱虫前和驱虫后要多次采粪，计算粪便中的虫卵数，以下式计算其驱虫效果。虫卵消失率（驱净率、粗计驱虫效果）%=[（驱虫前动物感染数－驱虫后动物感染数）÷驱虫前动物感染数］×100；虫卵减少率（驱虫率、精计驱虫效果）%=[（驱虫前虫卵数－驱虫后虫卵数）÷驱虫前虫卵数］×100%。也可根据驱虫后排出虫体数及体内残留虫体数，计算驱虫效果。驱净率%=（完全驱除了虫体的动物头数/受药动物总头数）×100%；驱虫率%=[排出虫体数/（排出虫体数＋体内残留虫体数）]×100%。

二、血液内原虫检查法

一般用消毒的针头自耳静脉或颈静脉采取血液。涂片染色标本检查，采血，滴于载玻片之一端，按常规法推制成血片，晾干，甲醇固定，而后用姬氏液或瑞氏液染色。染后用油浸镜头检查。本法适用于各种血液原虫。

1. 姬氏染色法

先将姬氏染色粉置研钵中，加少量甘油充分研磨，再加再磨，直到甘油全部加完为止。将其倒入60～100mL容量的棕色小口瓶中；在研钵中加少量的甲醇以冲洗甘油染液，冲洗液仍倒入上述瓶中，再加再洗再倾入，直至25mL甲醇全部用完为止。塞紧瓶塞，充分摇匀，而后将瓶置65℃温箱中24小时或室温内3～5天，并不断摇动，此为原液。染色时，将原液2mL加到中性蒸馏水100mL中，即为染液。染液加于血膜上染色30min，用流水冲洗2～5min，晾干，镜检。染液现用现配效果最好。

2. 瑞氏染色法

取瑞氏染色粉0.2g，置棕色小口瓶中，加入无水中性甲醇100mL，加塞，置室温内，每天摇4~5min，1星期后可用。如急用，可将染色粉0.2g，置研钵中，加中性甘油3mL，充分摇匀，然后以100mL甲醇，分次冲洗研钵，冲洗液倒入瓶内，摇匀即成。

染色时，血片不必预先固定，可将染液5～8滴直接加到未同定的血膜上，静置2分钟，加等量蒸馏水于染液上，摇匀，过3～5分钟，流水冲洗，晾干，镜检。

三、组织内原虫检查法

有些原虫可以在动物身体不同组织中寄生。一般于死后剖检时，取1小块组织，以其切面在载玻片上制成触片或抹片，染色后检查。抹片或触片可用姬氏染色法或瑞氏染色法。

泰勒虫病的病畜，常呈现局部的体表淋巴结肿大，采用淋巴结穿刺法，抽取内容物，染色后，镜检。

四、牛羊常见原虫病与原虫病原学诊断技术

牛羊常见原虫病与原虫病原学诊断技术

寄生于牛羊体内的原虫种类较多，且很多感染后呈隐性，临床症状复杂，因此确诊必须经过实验室诊断。原生虫病是影响牛羊生长的一种慢性病，病情发展较为缓慢，很容易

被忽视,倘若不能及时进行防治,轻则引起畜禽产品质量不达标,降低养殖效益,重则危及牛羊生命。

1. 牛羊常见原虫病

弓形虫是一类由刚地弓形虫所引起的重要的人畜共患寄生虫,呈世界性分布,宿主范围广,其能够感染几乎所有的温血动物的有核细胞中,猫科动物为其唯一的终末宿主。弓形虫为细胞内原虫,多数成年牛羊为隐性感染,主要引起怀孕母羊流产、死胎、先天畸形等,严重影响动物的生产繁殖性能,对免疫力低下或缺陷的患者危害更严重,给养羊业造成了巨大的经济损失。弓形虫作为一种食源性原虫,不仅对养羊业造成巨大的的经济损失,而且对公共卫生造成严重的危害。弓形虫还是一种机会致病寄生虫,当动物机体免疫功能低下或功能抑制时较易继发弓形虫感染。

牛的伊氏锥虫病是由单细胞原虫伊氏锥虫寄生于黄牛、水牛血液和造血器官内引起的慢性原虫病,临床上以病牛消瘦、四肢下部水肿、尾尖发生坏死脱落等为特征。该病一般发生在冬春季节,常导致牛的死亡。

梨形虫也称焦虫病,是一类经硬蜱传播,由梨形虫目中的巴贝斯科或泰勒科原虫寄生于牛羊体内而引起血液原虫病的总称。该病原引起的疾病主要包括巴贝斯虫病和泰勒虫病。巴贝斯虫主要寄生于牛羊的红细胞引起的非接触传染性疾病,其特征为发热、贫血、血红蛋白尿和黄疸。危害严重,牛羊死亡率高,给牛羊养殖业造成巨大的经济损失。泰勒虫病主要寄生于牛羊的红细胞和淋巴细胞内。临床症状主要为持续高温,呼吸困难,后期出现眼结膜苍白、黄染、贫血,还有血红蛋白尿。

隐孢子虫病是由微小隐孢子虫引起的以腹泻为主要临床表现的人畜共患寄生虫病。隐孢子虫为体积微小的球虫类寄生虫,广泛存在于多种脊椎动物体内,寄生于人和大多数哺乳动物体内。发病牛羊精神萎靡,食欲减退或废绝,体重下降,被毛粗乱,可视黏膜苍白,体温升高,有时升至 40～41℃,死亡率整体不太高,约为 10%。

牛羊球虫病是由艾美尔属球虫寄生于牛羊肠道引起的一种原虫病,主要表现为下痢、消瘦、贫血、发育不良为特征的疾病,严重时可引起死亡。各种品种的牛羊对该病均有易感性,但以幼畜患病严重,尤其对羔羊或犊牛死亡率也高,成年牛羊多为潜伏感染的带虫者,该病多见于每年 4～9 月份,牧区放牧的牛羊多发。患病牛羊出现腹泻,粪便恶臭,严重者带有血液、脱落的黏膜和上皮,粪便中含有大量的卵囊。

2. 病原学诊断技术

原虫病病原学诊断技术包括压滴标本检查法、血片染色检查法、集虫检查法及动物接种法。动物接种法即采取病牛羊的血液,接种于易感实验,采血后进行虫体检查。一般在半个月内,可查到虫体,其检出率较高,可以确诊。

（1）血液内原虫检查法

牛羊血液原虫病是常见的一种具有地方性和蜱传性的寄生虫疾病，对于羔羊和犊牛造成严重的危害。该病的发病很急，通常会在1~2天内死亡，许多发病牛羊在发病后还未得到治疗便迅速死亡。患病牛羊体温会迅速上升至40~42.5℃，呈稽留热，呼吸、脉搏加快，体表的淋巴结出现肿大，黏膜初期充血，后期苍白黄染，出现贫血症状，最终衰竭而死。该病发病率和死亡率极高，极大程度的影响了我国畜牧业的发展。对血液原虫病，将病牛羊的血液可按常规方法推制血涂片，干燥后滴加甲醇2~3滴于血涂片上使其固定，然后用姬氏或瑞氏液染色。染色后的血涂片用油浸镜头检查。本法可用于检查各种梨形虫、住白细胞虫等。

（2）生殖道原虫检查法

锥虫为寄生于生殖道的原虫，应采集阴道分泌物、公牛尿道及包皮内刮取物或冲洗液及流产胎儿羊水等经离心沉淀后，加少量温生理盐水混合后，覆以盖玻片，制作压滴标本，置于显微镜下检查，如有虫体活动则可见锥虫在血球之间较快游动。或将病料涂片，姬氏液等染色制成永久性玻片标本，在显微镜下观察虫体。有时在患畜浮肿部皮肤或丘疹的抽出液中可以发现虫体。

（3）组织内原虫检查法

某些原虫可以寄生于动物的各种不同组织内。因此，在死后剖检时，可以采取小块组织，在载玻片上涂片或制成组织切片，染色后检查。

（4）消化道原虫检查法

寄生于牛羊消化道的原虫主要有球虫、隐孢子虫等。通过粪便检查可以发现卵囊和包囊等。其中球虫卵囊的检查可用直接涂片法或饱和盐水漂浮法。

第二节 寄生虫剖检技术

一、家畜寄生虫病的剖检

1. 全身剖检法

全身剖检法是在动物死亡后，首先制作血片，染色检查，观察血液中有无寄生虫，而后仔细检查体表，观察有无体表寄生虫，剥皮，观察皮下组织中有无虫体寄生。将各内脏依次取出，先收集胸水、腹水，沉淀后观察其中有无寄生虫。而后取出全部消化器官及其所附的肝、胰等腺体。取出呼吸、泌尿和生殖系统、心脏、大的动脉和静脉血管，分别进行检查。

消化系统可先将附着其上的肝、胰取下,再将食道,胃(反刍兽应将4个胃分开)、小肠、大肠、盲肠分别结扎后分离。呼吸器官可用剪刀将鼻、喉、气管、支气管切开,寻找虫体。用小刀刮气管黏膜,刮下物在显微镜下检查。泌尿器官可切开肾,先对肾盂作肉眼检查,再刮取肾盂黏膜检查。最后将肾实质切成薄片,压于2个玻片间,在放大镜或显微镜下检查。剪开输尿管,膀胱和尿道,检查其黏膜,并注意黏膜下有无包囊。收集尿液,用反复沉淀法处理。生殖器官可切开并刮下黏膜,压片检查。怀疑为牛胎儿毛滴虫病时,应涂片染色后油镜检查。脑应先肉眼检查有无多头蚴,再切成薄片,压片检查。眼结膜和结膜腔以括搔法处理检查,剖开眼球,将前房水收集于器皿中,在放大镜下检查。心脏和主要血管剖开,将内容物洗于生理盐水中,用反复沉淀法检查。

2. 个别器官和寄生虫剖检法

有时为了特定目的,仅对某1个器官或某1个器官中的某种寄生虫进行检查,如调查某个地区某个器官中寄生虫寄生的情况,或调查某个地区某种寄生虫的流行情况,或考核某个药品对某种寄生虫的驱虫效果。其剖检方法同全身剖检法,但日本分体吸虫的剖检须采用专门的方法。动物经宰杀停止挣扎后,为防止发生血液凝固,影响虫体收集,应有4个人分别从4条腿开始从速进行剥皮。事毕,将牛头弯转至牛体左侧,使牛仰卧呈偏左倾斜姿势,剖开胸腔及腹腔,除去胸骨。首先分开左、右肺,找出暗红色的后腔静脉进行结扎。接着,在胸腔紧靠脊柱的部位找到白色的胸主动脉,术者左手将其托起,右手用尖头剪刀取与血管平行的方向剪1个开口,然后将带有橡皮管的玻璃管以离心方向插入,并以棉线结扎固定。橡皮管的一端与压缩式喷雾器相接,以备进水。从肾脏后方紧贴脊柱处,同时,结扎并列的腹主动脉与后腔静脉,以避免冲洗液流向后躯其他部分。

在胆囊附近,肝门淋巴结背面,分离出门静脉,向肝的一端,紧靠肝脏处先用棉线扎紧,离肝的一端取与血管平行的方向剪1个开口,插入带有橡皮管的玻璃接管,并固定之。橡皮管的一端接以铜丝筛,以备出水收集虫体。手术结束后,即可启动喷雾器注入0.9%加温至37~40℃的食盐水进行冲洗,虫体即随血水落入铜丝筛中,直至水液变清无虫体冲出为止。

3. 接种法

伊氏锥虫。试验动物可用小鼠、大鼠、豚鼠、兔或犬,其中尤以小鼠最适用。接种材料用可疑病畜的抗凝血液,血液采取后应在2~4h内接种完毕。接种量为0.5~1.0mL,可接种于腹腔或皮下。接种后的动物应隔离并经常检查。当病料中含虫较多时,小鼠在接种后1~3d即可在其外周血液中查到锥虫;当病料内含虫量少时,发病时间可能延长。

因此,接种后至少观察1个月也可于接种的第3天采接种小鼠的血液0.5~1.0mL,接种于另1只小鼠,如此盲传3代,即可在接种小鼠外周血内发现虫体。马媾疫锥虫不能接种于多数实验动物,但可将病畜的阴道或尿道刮取物与无菌生理盐水混合,接种于公家兔的睾丸实质中，每个睾丸的接种量为0.2mL。如有媾疫锥虫存在，经1~2星期后，即可见家兔的阴囊、阴茎、睾丸以及耳、唇周围的皮肤发生水肿，并可在水肿液内检出虫体。胎儿毛滴虫。取病牛阴道分泌物或包皮冲洗液为病料，接种于妊娠豚鼠的腹腔内。在接种后1~20天可以使妊娠豚鼠发生流产，在其流产胎儿的消化道和胎盘里可查出大量的毛滴虫。弓形虫是多宿主病原原虫，多种家畜和实验动物均具有易感性，但小鼠特别敏感，仅数10个虫体即可使小鼠感染发病。一般取急性死亡的可疑动物的肺、淋巴结、脾、肝或脑组织，以1:5的比例加入生理盐水，制成乳剂，并加少量青霉素和链霉素以控制杂菌感染。吸取乳剂0.2mL，接种于小鼠腹腔。一般急性者在4~5天后发病，病鼠被毛粗乱，食欲消失，腹部膨大，有大量腹水，病程4~5天。抽取病死鼠的腹水作涂片，染色检查，可见大量游离的滋养体。

二、家禽剖检技术

鸡病的治疗重在及时，因此养鸡户有必要掌握一定的剖检技术，一旦发现病、死鸡又不能及时诊治时，叮自行剖检，并做详细剖检记录，然后带着剖检记录找兽医诊治。

1. 外部检查

病死鸡在剖开体腔前，应先检查尸体的外部变化。重点检查肥瘦，面部、冠、髯的色泽、眼、鼻、口腔有无分泌物及分泌物的性状，有无肿瘤、外寄生虫等。

2. 剥皮

从颈、胸、腹中线将皮肤纵向切开，至腹部横切开皮肤，并延至两腿皮肤。用力将两腿掰开，使髋关节脱位，尸体即可平稳地固定在解剖板上。剥离体表皮肤，整个胸腹部以及颈部的皮下组织、肌肉充分得到暴露。注意检查胸肌的发育状况、颜色，有无出血、水肿、充血、瘀血、坏死等变化。

3. 体腔的剖开

先用水浸湿鸡尸体，以防羽毛飞扬和粘手影响操作。然后将大腿与腹壁之间皮肤剪开，将大腿向两侧用力压至股骨头露出，使尸体平衡仰卧放置。将腹壁皮肤横剪一切口，向头侧掀剥，注意皮下、肌肉有无血、坏死、变色。存后腹部龙骨末端横剪一切口，沿切口从两侧分别向前剪断肋骨，然后用力将胸骨掀开，这时胸腔和腹腔器官就可露出。注意有无积水、渗出物或血液，同时观察各器官位置有无异常。

4. 器官检查

（1）内脏检查

在腺胃与食道之间剪断食管，再按顺序将腺胃、肌胃及肠管以及肝、脾、胰一并取出。

1）剪开腺胃，注意有无寄生虫；腺胃粘膜分泌物的多少、颜色、状态；腺胃乳头、乳头周围、腺胃与食管、腺胃与肌胃交界处有无出血、溃烂。再剪开肌胃，剥离角质膜鸡内金，注意有无寄生虫等。然后将肠道纵向剪开，检查内容物及粘膜状态，有无寄生虫和出血、溃烂，肠壁上有无肿瘤、结节。注意盲肠肠道后端向前的两个盲管是否肿大及盲肠硬度、粘膜状态及内容物的性状。注意泄殖腔有无变化。

2）脾脏位于肌胃左内侧面，呈圆形，注意其色泽、大小、硬度，有无出血等。

3）肝脏分左右两叶，注意其色泽、大小、质地，有无肿瘤、出血、坏死灶。注意胆囊的大小、色泽。

4）肾脏贴附在腰椎两侧肾窝内，质脆不易托出，可在原位检查。重点检查肾脏体积、颜色，有无出血、坏死，切面有无血液流出，有无白色尿酸盐沉积。

5）卵巢位于肾脏的左侧，注意其体积大小、卵泡状态。输卵管可在原位剖检。

6）心、肺可在原位检查。心脏重点检查心冠、心内外膜、心肌有无出血点，心包内容物的多少、状态，心腔有无积血及

积血颜色、粘稠度。肺脏注意检查肺的大小、色泽，有无坏死、结节及切面状态等。

（2）颈部器官检查

将鸡头朝向剖检者，剪开喙角打开口腔，将舌、食管、嗉囊剪开，注意嗉囊内容物的颜色、状态、气味及食管粘膜性状。剪开喉头、气管、支气管，注意气管内有无渗出物及渗出物的多少、颜色、状态等。

（3）周围神经检查

重点检查坐骨神经。在两大腿后部将该处肌肉剥离，分离出白色带状或线状坐骨神经。鸡在患神经型马立克氏病时，常发生单侧性坐骨神经肿大。

5. 剖检结果的描述、记录

对在剖检时看到的病理变化，要进行客观的描述并及时准确地记录下来，为兽医做出正确的诊断提供可靠的材料。在描述病变时常采用如下的方法。

（1）用尺测量病变器官的长度、宽度和厚度，以 cm 为单位计量。

（2）用实物形容病变的大小和形状，并采用当地都熟悉的实物，如表示圆形体积时，可用小米粒大、豌豆大、核桃大等；表示椭圆时，可用大豆大、鸽蛋大等；表示面积时，可用1角硬币大等；表示形状时，可用圆形、椭圆形、线状、条状、点状、斑状等。

（3）描述病变色泽时，若为混合色，应次色在前，主色在后，如鲜红色、紫红色、灰白色等；也可用实物形容色泽，如青石板色、红葡萄酒色及大理石状、斑驳状等。

（4）描述硬度时，常用坚硬、坚实、脆弱、柔软来形容，也可用疏松、致密来描述。

（5）描述弹性时，常用橡皮样、面团样、胶冻样来表示。此外，在剖检记录中还应写明病鸡品种、日龄、疫苗使用情况及病鸡死前症状等。剖检工作完成后，要注意把尸体、羽毛、血液等物深埋或焚烧。剖检工具、剖检人员的外露皮肤用消毒液进行消毒，剖检人员的衣服、鞋子也要换洗，以防病原扩散。

6. 注意事项

（1）剖检应在死后不久进行，尸体存放太久容易腐败分解，使原有的病变模糊不清，影响诊断结果的判定。自然死亡的病禽其病理变化明显、典型，能反映出疾病的本质，人为扑杀的病禽，往往由于病理过程未达疾病的明显阶段，而脏器自匀病理变化也未全部表现出来，此时剖检难达诊断目的。

（2）在鸡场内剖检时，应选择比较偏僻和远离禽舍、水源的地方，垫以厚纸或塑料布，在这上边解剖。剖检结束后将尸体连同垫料一起深埋或烧毁，可供利用的肉品必须高温处理，不能到处乱放。

第三节 寄生虫动物接种试验

寄生虫的动物保种，是将其感染期接种于实验动物，使虫体在动物体内存活，以利于寄生虫与寄生虫病的研究、寄生虫病诊断以及制备教学标本等。

一、杜氏利什曼原虫无鞭毛体

取患者的前述组织穿刺物，用适量生理盐水稀释后，注射于田鼠（或金黄地鼠）腹腔内，每只鼠注射0.5mL，放笼内饲养。一个月后杀死田鼠，取其肝、脾组织作涂片，染色，镜检。转种时将感染利肝曼原虫的田鼠解剖，取其肝、脾置于消毒的组织研磨器中或研钵中，加入少量生理盐水研磨为匀浆后，再加适量生理盐水稀释，用消毒注射器吸取稀释液注射健康田鼠腹腔内，每只鼠注入0.2~0.5mL，继续饲养。3~4周后，按前述方法进行检查。原虫在动物体内可生存数月。

二、刚地弓形虫

经穿刺抽取病人的脑脊液0.5~1mL，注射于体重18~25g的健康小白鼠腹腔内。3周后抽取小白鼠腹腔液作涂片检查（查滋养体）。如为阴性再取肝、脾、脑组织研磨为匀浆，按1∶10量加入无菌生理盐水稀释，进行第二次接种。如仍为阴性可用同法进行2~3次，再观察结果。阳性者可作接种传代，每2周一次，以保种。

接种小鼠，每只注射0.3~0.5mL的匀浆。感染后每天观察，即抽取腹腔液涂片，染色后观察。一般感染第四天可见到弓形虫滋养体。

抽取病鼠腹腔液方法，是在其腹部作一切口，用镊子夹提腹部的皮肤和腹膜，用1mL注射器吸取1mL生理盐水，迅速注入腹腔，轻揉腹壁，使生理盐水和腹腔液混匀，然后再抽出腹腔液检查。

三、旋毛虫

将感染旋毛虫的小白鼠（或大白鼠）杀死，剥皮，取其肌肉；也可取含有幼虫的猪肉，剪成米粒大小，取1小块肉置在载玻片上压片检查，以含有100～200个幼虫囊包量的肌肉，经口喂健康小白鼠，喂前应饥饿小鼠24小时；或将含有幼虫囊包的肌肉剪碎，置于含有消化液的三角瓶内，一般每1g肌肉加入60mL的消化液，置37～40℃温箱中，经10～18小时（此间经常摇动烧瓶或搅拌），去掉上层液，然后以水洗沉淀法或离心沉淀法收集幼虫。以生理盐水洗涤2～3次，用1mL的注射器和8号针头吸取100～200条幼虫，经腹腔注射或喂饲健康小白鼠（或大白鼠）。感染第5周后，可在鼠肌中（以膈肌、腿部肌多见）可找到幼虫囊包。幼虫在动物体内可生存3个月或半年。医学教育网

四、血吸虫

1. 实验动物一般用18～22g体重的健康小白鼠或2～4kg家兔。
2. 尾蚴逸出将阳性钉螺2～3只放入指管（1×7cm）中，加入去氯水或冷开水至管口，管口盖以铜丝网，以防钉螺爬出。置25℃孵育4～12小时，尾蚴可陆续逸出浮于水面。
3. 感染动物将小白鼠或家兔仰卧固定在木板上，剪去腹毛，范围约5×5cm约1～2张盖片大小），用清水洗净腹部皮肤。用白金耳沾取液面的尾蚴置于盖玻片上，在解剖镜下计算尾蚴数量。通常感染小白鼠每只50条尾蚴，家兔500～800条即可。将含已计数尾蚴的盖片，翻转覆盖在动物腹部的去毛处，使其与皮肤接触，同时在盖片与皮肤之间滴加少许清水，以保持湿润；冬季应保持温度在25℃左右，15～20分钟后取下盖片。感染后约40～45天，即能在动物粪便中查到虫卵。操作中应防止感染，用过器材应消毒。

五、华支睾吸虫

常用实验动物有猫、犬、豚鼠、大白鼠、兔等。取含有华支睾吸虫囊蚴的鱼肉，用人工消化液消化后收集纯净的囊蚴。将囊蚴拌入饲料喂食或直接从口内插入橡皮管注入胃内。感染囊蚴的数量，因动物大小而异，以200～400个为宜。感染后一个月，即可自粪便内检获虫卵。

六、卫氏并殖吸虫

常用实验动物有犬、猫。将感染该种吸虫囊蚴的溪蟹或蝲蛄，放入清水中洗净后，用研钵或绞肉机捣碎，经筛过滤去除粗壳渣，以沉淀法反复清洗至水清。吸出沉渣放在双筒解剖镜下检查，用滴管吸取囊蚴并计数，将定量囊蚴拌入饲料喂动物。也可将囊蚴放入含有2%胆酸盐溶液中，置40℃1小时，使后尾蚴脱囊。用无菌生理盐水洗涤后，给猫或犬进行腹腔注射。幼虫数量以100～300个为宜。约2个月后可在粪便中检出虫卵。

第四节 寄生虫免疫学诊断技术

近10年来，国内外免疫学的研究技术呈现出蓬勃发展的上升态势，特别是在免疫学的经典研究领域如天然免疫应答的启动及调控、免疫细胞的发育及功能成熟、T细胞亚群的分化及活化、免疫记忆、免疫耐受、新型免疫细胞亚群鉴定等诸多方面取得了飞速进展，免疫学基础理论运用也得到了前所未有的丰富和完善；此外，新型免疫学技术不断涌现，与生命科学的前沿学科如生物信息学、表观遗传学、结构生物学等开展了广泛贯通融合，促进了免疫学及相关学科的进一步发展；另外，免疫学在临床疾病发病机制研究及畜禽的疾病诊断与防治中的价值愈发凸显，极大地带动了和免疫相关疾病发病机理的认识和治疗手段的研究发明，于此同时还带动了生物技术产业化及应用研究进程。值得一提的是，我国免疫学研究不但在传统优势领域有着让国际同行认可的高水平原创性工作，而且还在许多免疫学的前沿领域也取得了丰硕的成果。免疫学的发展日新月异，新型免疫学技术也不断涌现，免疫学作为一门既年轻又古老的学科正蓬勃发展，成为当今生命科学的前沿学科和现代转化医学的核心学科之一。

一、免疫学检测技术的原理

免疫学检测技术是根据抗原、抗体反应的原理，利用已知的抗原来检测未知的抗体或者利用已知的抗体来检测未知的抗原。即将抗原或抗体的双方或一方在某种介质中进行扩散，通过观察抗原-抗体相遇时产生的沉淀反应，检测抗体或抗原，最终达到诊断的目的。由于内源性和外源性抗原均可通过不同的抗原递呈途径诱导生物机体产生免疫应答反应，在生物机体内产生非特异性和特异性T细胞的克隆扩增反应，并分泌特异性的免疫球蛋白（抗体）。由于抗原-抗体的结合具有特异和专一性性的特点，所以这种检测可以定性、定位和定量地检测某一特异的蛋白（抗原或抗体）。免疫学检测技术的应用非常广泛，它们可用于各种疾病的诊断、疗效评价及发病机制和预后的研究。

二、免疫学的发展趋势

目前，国际免疫学的发展趋势体现在如下几个方面：

（1）基础免疫学研究更加深入和广泛：对免疫学的研究从原来的细胞水平深入到分子和基因水平，免疫学理论得到极大的丰富和完善，与此同时也产生了很多新的研究方向和热点，如免疫细胞的分化发育、功能调控及其信号机制、新型免疫细胞及其亚群的发现，其功能的调节作用、抗原识别、活化的分子结构基础、免疫特异性应答的细胞与分子机制包括免疫效应细胞与效应分子杀伤靶细胞的机制、免疫调节（负性）的方式及其机制、自身免疫耐受的机制、免疫记忆的细胞与分子机制、新型免疫分子的发现、结构和功能等。

（2）临床免疫学在临床的价值更为明显，免疫学已经渗透到临床的几乎每一个角落，应用免疫学技术和方法研究和治疗疾病越来越受到重视。目前，临床免疫学研究的热点包括应用基础免疫学研究的成果阐明肿瘤、感染、移植排斥、自身免疫性疾病等重要疾病的发病机制的研究、特异性的预防和治疗措施的建立、新型疫苗的研制和开发、免疫相关生物制品的研制和应用等。

（3）基础免疫学与临床免疫学结合更加紧密，基础研究与应用研究并重且紧密结合，两者相辅相成：基础免疫学为众多免疫相关性疾病的发展机制和治疗的研究提供理论指导，如HIV疫苗研制、类风湿性关节炎的靶向药物治疗等。另一方面，临床免疫学的实际问题为基础免疫学发展提供新的需求。如Tetramer-peptide检测CTL技术的发展，实验性动物模型的建立，以研究人类疾病的发病。

（4）免疫学与其他医学与生命学科的交叉极大地促进了免疫学和其他学科的发展：如免疫学和生物信息学、结构生物学的交叉在分子、原子水平研究免疫识别、免疫反应的发生机制将有助于加深在基础免疫学方面对经典免疫学理论的认识，这种交叉也带动了其他多医学与生命学科的发展。

三、主要免疫学检测技术

1. 免疫荧光技术

是利用荧光素标记的抗体（或抗原）检测组织、细胞或血清中的相应抗原（或抗体）的方法。由于荧光抗体具有安全、灵敏的特点，因此已广泛应用在免疫荧光检测和流式细胞计数领域。根据荧光素标记的方式不同，可分为直标荧光抗体和间标荧光抗体。间标荧光抗体中一抗并不直接连接荧光素，而是先将一抗结合到蛋白，然后带有荧光素的二抗再结合至一抗。通过二抗的结合，能将信号进行放大，因此能在一定程度上提高检测的灵敏度。

2. 免疫印迹技术

是酶联免疫吸附测定技术与电泳技术结合的产物，常用作抗体的确定试验。对活动性结核病，尤其是菌阴肺结核的诊断具有很高的价值。但该方法繁琐，成本较高，常规检测应用较少。

3. 放射免疫检测

放射免疫检测技术是目前灵敏度最高的检测技术，利用放射性同位素标记抗体（或抗原），与相应抗原（或抗体）结合后，通过测定抗体抗原结合物的放射性检测结果。放射性同位素具有pg级的灵敏度，而且可以利用反复曝光的方法对痕量物质进行定量的检测。

4. 酶联免疫吸附试验

酶联免疫检测是目前应用最广泛的免疫检测技术，是把抗原抗体反应的特异性和酶的高效催化作用有机结合起来的一种非放射性标记免疫检测技术。其基本原理是以免疫学反应为基础，通过抗原、抗体的特异性反应与酶对底物的高效催化作用结合起来的一种敏感性很高的实验技术。抗原、抗体的反应在一种固相载体—聚苯乙烯微量滴定板的孔中进行，在测定时，被检样品（主要用于抗体的测定）与固相载体表面包被的抗原起反应，通过洗涤除去多余的游离反应物，再加入酶标记的抗原或抗体，若能进行反应则将结合在固相载体上，再通过底物反应呈现颜色反应。颜色的深浅和被检样品的量有关，利用酶标仪进行读取，可进行定性和定量分析，从而保定试验结果的准确性。通常检测步骤包括：加样、温育、洗涤、显色、比色、结果判断和报告。该检测技术检测结核抗体具有快速、简便、准确、价廉的特点，临床应用广泛。

四、ELISA 在畜禽饲养及疾病诊断中的应用

1. 疫苗免疫效果的评价

疫苗免疫接种的目的是将易感动物群转变为非易感动物群，从而降低疫病带来的损失。因此，某一免疫程序对特定动物群是否合理并达到了降低群里发病率的作用，需要定期对接种对象的实际发病率和实际抗体水平进行分析和评价。用 ELISA 方法对免疫效果进行评价，不仅简便快捷，而且结果准确可靠，适合于开展大规模的免疫抗体检测工作。

2. 传染病的诊断

目前，由于病原微生物的变异以及继发感染和多重感染的发生，使得传染病的临床表现变的越来越复杂，传统的诊断方法很难迅速做出正确的判断，因此，根据 ELISA 技术高灵敏性和强特异性的特点，将其应用于传染病的快速诊断具有重大的意义。农业部动物检疫所质检中心刘俊辉等人通过 ELISA 对山东、东北、广东等地的 426 份血清样品的 PPV 抗体进行检测，阳性率为 36.2% 说明 PPV 在我国部分地区流行。为防止该病的大规模爆发，应定期作血清学检测，严格进行饲养管理。

3. 进出口检疫

当前国际间动物及动物产品贸易频繁，做好进出口检验检疫工作对于防止动物传染病的扩散，保护人民身体健康，促进经济贸易的发展具有重大的意义，而检测结果的可靠性则是检验检疫工作的关键环节。如美国、中国等一些国家的进出口检疫局应用 ELISA 试剂盒进行猪传染性胃肠炎和猪呼吸道冠状病毒、牛白血病、新城疫等多种疫病项目的检测，提高了工作效率。除此之外，进出口检疫局还利用 ELISA 对食品和畜产品中的药物残留进行检测，从而保证人民的身体健康。

4. 畜禽群体的筛选净化

定期对畜禽群体进行常见病和多发病的普查，及时清除隐性感染个体，可以防患于未然，最大限度地降低疫病带来的损失，并为传染病的最终消灭打下良好的基础。例如，对非免疫猪场应通过定期检测，逐步淘汰抗体阳性猪群；对免疫猪场应适时进行抗体检测，及时防疫或修订免疫程序，能从根本上根除该病的蔓延。

五、免疫学的发展现状及未来挑战

人类进入 21 世纪之时，医学界的科学家们归纳出了挽救数亿人生命的 20 世纪医学上主要进步性四大标志为疫苗、抗菌素、基因治疗、骨髓与器官移植、这四大进步中的每一项无不蕴藏着免疫学的巨大贡献。可以说，免疫学领域的任何重大突破均会引起医学界的伟大变革。与此同时，与传统药物（化学药、中药、生化药）相比，生物技术药物标志着现代医药的综合成就，但目前即将或已经上市的大多数生物技术药物（如干扰素、各种单抗等）都是免疫界学者研发的免疫功能基因的结果。目前，免疫学作为一门前沿性学科面临着诸多的发展机遇，尤其是随着转化医学、系统医学理念的不断深化，免疫学的临床应用与基础研究呈现出了前所未有的发展态势。

目前，国际免疫学的发展趋势体现在如下几个方面：

（1）基础免疫学研究更加广泛和深入：对免疫学的研究从之前的细胞水平深入到基因和分子水平，免疫学理论基础得到极大的丰富和完善。

（2）临床免疫学在临床应用的价值更为突出，免疫学几乎已经渗透到临床的每一个角落，应用免疫学技术和方法研究来治疗疾病俞来俞受到重视。

（3）基础免疫学与临床免疫学更加紧密结合，基础研究与应用研究两者并重且紧密结合，相辅相成。然而，在充满信心和希望的同时，我们应该清醒地认识到免疫学学科本身与整个医学和生命科学的重要性相比，我国免疫学研究水平在国家科技创新体系以及医学与生命科学领域中的地位远不够凸显，我们与大多发达国家免疫学研究水平尚存在较大的差距，迄今为止尚没有在国际免疫学领域受到国际同行公认的领军型的一流免疫学家，此外，成熟的实验动物模型极度缺乏，特别是典型的疾病动物模型，条件性基因剔除小鼠模型制备体系还不完善。这些不足限制了我国免疫学研究的发展。

当然，我们应该坦然面对这些不足，知难而上，以自信乐观的心态去克服和弥补这些差距，可以设想的出，弥补和克服这些不足的过程实质是壮大我国免疫学研究的过程，这些困难被跨越之日，就是我国免疫学研究腾飞于世界免疫学领域未来之时。

第五节 分子生物学诊断技术

随着我国养殖业的不断发展，养殖规模不断扩大，畜禽的饲养密度高度集中，调动也越来越频繁。再加上多年来畜禽品种在选育上偏重生产性能的提高，忽视了动物机体抗病性能的保持与加强。结果养殖环境逐渐恶化，动物机体抗病力逐渐减弱，致使病害频繁发生。尤其是一些发病率高、死亡率高的流行病的爆发，经常会给局部地区的养殖业带来毁灭性打击。因此加强对病害防治技术的研究，已成为推动我国养殖业可持续发展的关键。近年来，应用分子生物学技术在防治最突出的畜禽疫病的方面取得了一定的成就。目前分子生物学技术在我国畜禽疫病防治中应用，主要在畜禽疫病诊断和新型畜禽疫苗研究两个方面。

一、分子生物学技术在畜禽疫病诊断中的应用

传统的畜禽疫病的诊断主要依据肉眼观察、症状判别、显微镜检查、微生物培养、表型分析、血清学分析、病理切片观察等方法。但是这些方法的诊断时程较长，而有些畜禽疫病的发展迅速，由于不能及时治疗给生产造成重大损失。而分子生物学技术在诊断畜禽疫病时，可以为微生物病原体的鉴定提供快捷、精确的方法。目前在我国畜禽疫病诊断中常用分子生物学技术主要有以下几种。

1. PCR 技术

PCR 技术是一项体外扩增 DNA 的分子生物学新技术。与传统的检测技术如生物化学、细菌学病毒学和血清学方法相比，PCR 技术具有快速、敏感、简单、特异性强的优点。它在畜禽疫病诊断中主要用于那些培养困难的细菌和抗原性复杂的细菌检测鉴定。它可以通过从基因中筛选某菌的特异性杂交片段来鉴定细菌。张嘉宁等采用酚提取法和裂解法制备了沙门氏菌的 PCR 模版和 PCR 诊断试剂盒，检测结果的阳性率比培养法高，且整个过程仅需 6～8h。Ⅲ此外对于严格厌氧菌如结节双枝杆菌、分离困难的支原体等，运用 PCR 技术也很容易检测，并且节约时间，灵敏度也高。谢芝勋等建立了检测鉴别火鸡支原体的 PCR 技术，用该 PCR 技术能检测出 100fg 的火鸡支原体 DNA 模版。L21PCR 技术不仅可以用于细菌、支原体等微生物的检测，并且可以用于病毒的检测，尤其是那些难以进行培养和血清学检测的病毒。刘加波等用 PCR 技术对鸡传染性喉气管炎病毒（IL11v）进行了敏感试验，结果可以检测出 10pg 的 IL1v—DNA，表明该 PCR 技术有很高的灵敏度。

2. 基因探针

基因探针又称核酸探针，是指能识别特异碱基序列的有标记的一段单链 DNA 或 RNA

分子，即一段与被测定的核苷酸序列互补的带有标记的单股核苷酸。在畜禽疫病诊断中具有快速、简便、敏感的特点。只要得到病原体的基因序列，就可以在实验室合成特异性十分准确的探针。近年来，随着寡核核苷酸合成快速发展，越来越多的各种病原体的序列已被测定，因而有可能从这些序列中，筛选出共同的保守序列，然后合成某种光谱特异探针供实际检测应用。张训海等选用马立克氏病病毒（MDV）GA 株 BamHI 基因文库中 LDNA 片段，制成 DIG一标记的 MDV 核酸探针，分别对 I 型 MDV 强毒株（BJ—1 株）和弱毒株（Mdl1／75c 株）感染材料的核酸进行 dotblot 杂交检测，结果显示均有阳性呈色反应。王蕾等用地高辛标记禽呼肠孤病毒（ARV）SL 基因中编码 crC 蛋白的基因片段作为核酸探针，在斑点分子杂交中可检测到 1.6pgARV 的 RNA。试验结果表明研究建立的核酸探针检测方法灵敏度高、特异性强和操作简便，适于批量样品的检测。

3. 基因芯片

基因芯片又称 DNA 微阵列芯片、DNA 微阵列、DNA 芯片，其技术雏形是 Southern-blot 技术，是建立在基因探针和杂交测序技术上的一种高效快速的核酸序列分析手段。它的制作方法是首先在固相支持无（通常是硅化玻璃）上原位合成寡核苷酸或直接将大量预先制备的 DNA 探针以显微打印的方式有序的固化于支持物表面，然后与标记的样品杂交，将未互补结合反应的片段洗去，通过杂交信号的检测分析得到样品的遗传信息。

基因芯片技术不仅可以在 DNA 水平上寻找和检测与疾病相关的内源基因及外源基因，而且可以在 RNA 水平上检测致病基因的异常表达，从而对某些疾病作出检测，对病原体的抗药性作出判断，具有高亲和性、高精确性、高灵敏性、操作简便、结果客观『生强的优点。朱来华等通过分子克隆技术获得马疱疹病毒 1 型（EHV1）、马动脉炎病毒 A Ⅵ、马流感病毒（EIv）、马传染性贫血病毒（EIAV）和东部马脑脊髓炎病毒（EEEV）等 5 种病毒各一段高度保守的特异性基因片段，用芯片点样仪逐点分配到处理过的玻片上，制备成检测芯片。提取样品中的 RNA，进行反转录和荧光标记后滴加到芯片上进行特异性杂交，对杂交结果进行扫描检测和计算机软件分析。结果显示，制备的基因芯片可同时检测和鉴别上述 5 种病毒，可检测到阳性杂交信号的最高稀释度为 10r6 的病毒液，约 25 个病毒 DNA 拷贝，但其他病毒材料未见红色荧光信号，证明了制备的基因芯片的具有特异性。

4. 酶联免疫吸附试验（ELISA）

酶联免疫吸附法（ELISA）是固相吸附技术和免疫酶技术相结合的一种方法，是免疫学诊断中的一项新技术。ELISA 的基础是抗原或抗体的固相化以及抗原或抗体的酶标记。固相载体表面的抗原或抗体仍保持其免疫学活性，酶标记的抗原或抗体既保留其免疫学活性，又保留酶的活性。在测定时，把受检标本（测定其中的抗体或抗原）和酶标抗原或抗体按不同的步骤与固相载体表面的抗原或抗体起反应。用洗涤的方法使固相载体上形成的抗原抗体复合物与其他物质分开，最后结合在固相载体上的酶量与标本中受检物质的量成一定的比例。加入酶反应的底物后，底物被酶催化变为有色产物，产物的量与标本中受检物质的量直接相关，故可根据颜色反应的深浅进行定性或定量分析。

因其具有特异性高、敏感性强、稳定性好、易于检测、结果可靠等特点，应用于多种病原微生物所引起的传染病、寄生虫病及非传染病等方面的免疫学诊断，也应用于分子抗原和抗体的测定，其应用范围日益扩大，逐渐成为检测技术的主流。王海震等建立了检测猪瘟血清抗体水平的间接ELISA方法。对收集的约120头份血清样品进行检测，结果显示该方法因具有较高的特异性和灵敏度高同时克服了以往检测猪瘟抗体水平所用抗原为完整的病毒粒子，猪瘟病毒不易培养，滴度低，难于纯化等缺点。

李海燕等建立了禽流感间接酶联免疫吸附试验诊断技术（rNP—ELISA）。经试验证明，rNP—ELISA是检测A型禽流感病毒血清特异性抗体的一种特异、敏感、微量、快速、经济的血清学诊断技术。其并将成熟的禽流感间接ELISA快速诊断技术试剂盒化，该试剂盒与进口禽流感间接ELISA诊断试剂盒对同样血清样品检测，符合率为100%。

张国中等使用传染性喉气管炎（ILT）抗体检测ELISA试剂盒对已知来源的自制阳性血清、免疫血清以及SPF阴性血清进行了ILT抗体检测，研究结果表明该试剂盒具有较好的敏感性、特异性和重复性，与琼脂凝胶免疫扩散试验方法（AGP）相比，ELISA方法具有更高的敏感性，AGP大约只能检出相对于ELISA方法78.6%的阳性样。

5. 免疫荧光试验

免疫荧光试验是预先将荧光素标记在抗体上，再与涂片、切片或细胞悬液中的抗原进行反应，借助荧光显微镜观察是否有荧光素的荧光，判断是否存在相应的抗原并确定其相应的位置。免疫荧光试验是目前国内外实验室诊断畜禽传染病的常用方法，结果直观、可靠。特别是在疫情初期必须查清病源，检疫及净化养殖场病原时，此种检测方法尤为重要。袁婧等以临床"高热综合征"病例中分离的高致病性猪繁殖与呼吸综合征病毒（PRRSV）HBR变异株接种试验猪制备抗血清，采用硫酸铵盐析法提取血清中免疫球蛋白（IgG），并用异硫氰酸荧光素（FITC）对IgG进行荧光标记，建立了一种直接免疫荧光诊断方法（FA），对临床10个猪场送检的38份病料平均阳性检出率为63.2%（24／38）。与RT—PCR检测结果符合率为96.3%，对几种已知猪病毒抗原无交叉反应。表明该方法具有特异性强、敏感性和重复性好等特点，FA为PRRS的临床诊断提供了一种快速、便捷、敏感、特异的检测方法。

6. 胶体金快速诊断技术

胶体金快速诊断技术是在酶联免疫吸附试验、乳胶凝集试验、单克隆抗体技术、胶体金免疫技术和新材料技术基础上发展起来的一项新型体外诊断技术。其基本原理是：以微孔膜为固相载体，包被已知抗原或抗体，加入待测样本后，经微孔膜的渗滤作用或毛细管虹吸作用，使标本中的抗体或抗原与膜上包被的抗原或抗体结合，再通过胶体金标记物与之反应形成红色的可见结果。由于其快速、便捷、不需特殊设备、结果判断直观,近年来越来越受到人们的重视,其技术发展迅速,在生物医学领域特别是医学检验中得到了广泛应用。目前在兽医临床诊断中也研制了许多种检测试剂盒,李蓓蓓等采用胶体金同时标记新城疫单克隆抗体和禽流感单克隆抗体制备复合型胶体金免疫试纸条可同时检测两种病毒。试纸条检测新城疫病毒的灵敏度比血凝试验结果高8倍。

张书环等利用胶体金免疫层析技术原理,用原核诱导表达的牛分支杆菌抗原蛋白MPB83和MPB70分别作为胶体金标记抗原和检测线上的捕获抗原,制备牛结核抗体检测试纸条。并与细菌分离培养、结核菌素皮内变态反应(TsT1和韩国试纸条比较。试纸条与牛分支杆菌分离培养的符合率为85%,与TST的符合率为79.73%,与韩国试纸条的符合率98.75%。金颜辉等进行了应用胶体金免疫层析技术检测猪瘟抗体的研究,用胶体金标免疫层析技术检测30份标准阳性血清和18份标准阴性血清,结果检测阳性、阴性符合率100%。这些试验结果表明胶体金免疫层析试纸条具有敏感、特异、简便、快速的特点。

二、分子生物学技术

在新型畜禽疫苗研制中的应用由于病原体的强毒株和变异毒株的出现,用传统疫苗接种难以起到很好的免疫保护作用,给养殖业造成巨大的经济损失。为了更准确地预防控制这些疫病,根据各种疫病流行特点和免疫机理研制出安全有效的新疫苗。随着分子生物技术的不断发展,以分子生物学技术为基础的一批新疫苗开始被研制出来并逐渐应用到实际生产中,这些以分子生物学为基础的新畜禽疫苗主要有以下几种。

1. 重组亚单位疫苗

重组亚单位疫苗又称生物合成亚单位疫苗或基因工程亚单位疫苗,只含有病原体的一种或几种抗原,而不含有病原体的其他遗传信息。能利用体外表达系统(如大肠埃希氏菌、杆状病毒、酵母等)大量表达病毒的主要保护性抗原蛋白作为免疫原。在研制亚单位疫苗时,首先要明确编码具有免疫原活性的目的DNA片段,将具有免疫原性的抗原决定簇的基因编码片段插入到合适的表达质粒中,并使其在病毒、细菌、酵母、昆虫细胞中高效稳定表达,以基因工程技术生产大量抗原,从而制备成只含免疫原性的亚单位疫苗。该类疫苗不含致病因子的核酸成分,因此具有良好的安全性,且便于规模化生产。

姬向波等构建了编码鸡传染性喉气管炎病毒(ILTV)主要抗原gB基因的重组DNA疫苗pcDNA—gB,将其与他们保存的重组鸡痘病毒rFPV—gB—gDMgY分别以单独和混合的方式给4周龄非免疫鸡进行免疫,然后测定II特异性抗体和T淋巴细胞增殖反应。结果表明这2种基因工程疫苗均能诱导鸡产生特异性的体液免疫及细胞免疫应答,该研究结果为ILTv新型疫苗的研究奠定了基础。㈣付玉洁等采用猪圆环病毒PCV2a—LG株和PCV2b. YJ株制备了2种病毒灭活疫苗,及其重组杆状病毒表达的2种Cap蛋白(PCV2a—

rCap 和 PCV2b—rCap）—单位疫苗。选用 8 周龄 BALB／c 鼠 165 只，随机分成 11 组，每组 15 只，用上述 4 种疫苗各免疫 2 组，以 PCV2a 或 PCV2b 株攻毒。攻毒后，采用免疫过氧化物酶单层细胞试验方法。检测抗体，其中 PCV2a．rCap 免疫组抗体效价最高。

2. 合成肽疫苗

合成肽疫苗也称表位疫苗，应用计算机软件分析和生物信息学技术，从蛋白的一级结构结合单克隆抗体分析等技术可以推导出该蛋白的主要表位，并用化学方法合成这一类似于抗原决定簇的多肽（2O40 个氨基酸）作为抗原。合成肽疫苗分子是由多个 B 细胞抗原表位和 T 细胞抗原表位共同组成的，大多需与一个载体骨架分子相耦联。它们的特点是纯度高、稳定。由于它只能线性表达，不能折叠，因此只适应于线性病毒病。合成肽疫苗的研究最早始于口蹄疫病毒（FMDV）合成肽疫苗，主要集中在 FMDV 的单独 B 细胞抗原表位或与 T 细胞抗原表位结合而制备的合成肽疫苗研究。赵凯等以猪自体免疫球蛋白 IgG 的 H 链作为外源抗原载体制备合成口蹄疫肽疫苗，对豚鼠、猪等起到了保护作用。

则明秋等根据 A 型口蹄疫病毒（FMDv）的 VPI 基因序列及国际上公认的抗病毒中和表位，并结合对 151 蹄疫病毒的研究成果，设计了 A 型 FMDV 的重组多肽疫苗，体外免疫原性检测表明，该融和蛋白具有免疫反应性，免疫豚鼠的实验结果表明，融合蛋白能在豚鼠体内诱导中和抗体，并使 70% 的豚鼠能抵抗病毒的攻击。

3. 基因缺失疫苗

病毒编码毒力的基因可以删除，当某些与病毒复制无关的毒力基因缺失突变后，病毒毒力丧失或明显减弱，但病毒复制能力并不丧失，同时还保持着良好的免疫原性。基因缺失疫苗是利用重组技术敲除表达毒力因子的特异基因获得的基因缺失弱毒疫苗株，病原性与致病力减弱，降低了对宿主组织侵害。其突出的优点是疫苗毒力不会返强而免疫原性不发生变化，免疫期长等，因而是较理想的疫苗。何启盖等用鸡胚成纤维细胞扩大培养了 PrVHB—98 突变株（TK$^-$／gG$^-$／LacZ$^+$），研制了伪狂犬病基因缺失疫苗，并对该疫苗经肌肉接种、经口等免疫途径的最小免疫剂量进行了测定，田间试验表明，4 批猪伪狂犬病基因缺失疫苗安全有效，并可用于仔猪发病时的紧急接种。为猪伪狂犬病基因工程疫苗的制备与应用提供了有力的依据。嚎凯等通过基因同源重组技术，利用高效自杀性载体系统，敲除鸡白痢沙门氏菌（S．pullorum）CVCC79201 株的 rfaH 基因，同时未引入任何抗生素抗性基因等外源 DNA 序列，经筛选获得重组 S．pullommfrSp）株。动物试验结果表明，rSp 免疫伊莎褐蛋鸡后，其抗血清可通过平板凝集试验与 CVCC79201 免疫的血清相区分，为 S．pullorum 缺失疫苗的研制提供了技术平台。

4. 重组活载体疫苗

重组活载体疫苗是以病毒或细菌为载体通过基因工程的方法使之表达某种特定病原物

的抗原决定簇基因，从而产生免疫原性。也可以是致病性微生物通过基因工程的方法修饰或去掉毒性基因，但仍保持免疫原性。制成的重组活载体疫苗可同时启动机体细胞免疫和体液免疫，克服了亚单位疫苗和灭活疫苗的不足，同时也不存在毒力返强的问题。另一最大优点是活载体疫苗可以同时表达多种抗原，制成多价或多联疫苗，既解决了现有多联疫苗的制造工艺难题，又能一针防多病。贾立军等以鹅源 H5 亚型禽流感病毒（AVI）基因组为模板，用 RT-PCR 扩增血凝素基因，克隆入鸡痘病毒表达载体 Pfgl175，转染鸡痘病毒感染的鸡胚成纤维细胞，通过蓝斑筛选和间接免疫荧光检测，获得表达 HA 基因的重组鸡痘病毒，免疫试验结果表明，构建了表达 HA 基因的重组鸡痘病毒，该重组病毒具有良好遗传稳定性，免疫鸡可提供完全保护，显示出了一定的应用前景。

马鸣潇等成功的筛选到了一株携有了口蹄疫病毒（FMDV）多表位基因的重组鸡痘病毒 rFPV—OAAT—IL18。通过 RT—PCR 和 IFA 检测表明，相应的目的基因在重组病毒中获得了表达，这为新型 FMDV 疫苗研究提供了新思路。

5. 转基因植物疫苗

转基因植物疫苗是利用分子生物学技术，将病原微生物的抗原编码基因导入植物，并在植物中表达出活性蛋白，人或动物食用含有该种抗原的转基因植物，激发肠道免疫系统，从而产生对病毒、寄生虫等病原菌的免疫能力。转基因植物疫苗实际上是重组 DNA 疫苗的一种，但是由于生产疫苗的系统由大肠杆菌和酵母菌换成了高等植物，有的植物是可以生食的，例如黄瓜、胡萝卜和番茄等，有的植物可以作为饲料，如玉米、大豆等，合适的抗原基因只要在该植物可食用部位的器官特异表达的启动子的驱动下，经转化得到的转基因植物即可直接用于畜禽的口服免疫。转基因的植物疫苗具有效果好、成本低、易于保存和免疫接种方便等优点。潘丽等构建克隆有 O 型口蹄疫病毒 China99 株 VP1 基因的植物双元表达载体 pBin438／VP1。通过农杆菌介导法把口蹄疫病毒 VP1 基因整合到番茄基因组获得转基因番茄，三次免疫豚鼠后 21d 血清效价最高可达 1∶64，攻毒后两组免疫豚鼠保护率分别达 80％ 和 40％，证明转基因番茄表达的 VP1 蛋白具有良好的免疫原性。余云舟等在构建口蹄疫病毒（FMDV）结构蛋白 Pl 基因植物双元表达载体的基础上，用农杆菌介导法和基因枪轰击法转化玉米共获得了 13 株转基因玉米植株，为利用植物生物反应器生产 FMDV 基因工程疫苗进行了探索性基础研究。

王炜等以豆科牧草百脉根为转化受体，将口蹄疫病毒 P12A—3C 基因通过农杆菌介导法导入百脉根基因组。对转基因植株进行 PCR、RT—PCR 检测，表明口蹄疫病毒 P12A—3C 基因整合在植物染色体基因组，并且具有转录活性，ELISA 检测表明，转基因植株能够表达出口蹄疫病毒 P12A — 3C 基因的目的蛋白。

第九章 畜禽传染病诊断

第一节 牛羊主要传染病诊断

在畜牧业发展中不可避免的要面临各种疾病，做好疫病防控措施是保证畜牧产业的健康发展的关键所在。现将在牛羊养殖过程中的一些常见疾病的诊断及治疗措施介绍如下。

一、急性瘤胃胀气

一般该病集中在牛羊畜类在抱青过量，食用了露水草、雪草、霜草等饲料后产生急性发酵，导致胃肠道生成大量气体与反刍、嗳气等，使瘤胃快速的扩张。

在牛类中，该病会表现为腹部快速膨胀，腹壁组织紧绷，在对患处做按压时会有较好的弹性，按压不留痕。在叩击患处时会产生鼓音，瘤胃蠕动音弱化或消除。病牛表现为食欲、精神不振，反刍暂停。同时伴有呼吸困难、心跳频率提升、频繁甩尾，烦躁不安。当病情发展严重后卧地不起，甚至因为窒息与心脏麻痹而导致死亡。

对于该病症要积极做好饲养的科学管理，避免采食易发酵的食物，在放牧时不能在有霜、雪与露水的区域放牧。在治疗上，可用 20~35 g 鱼石脂、30~50 mL 乙醇和 50~1000 mL 洁净饮用水灌服。也可用 80~100 mL 大蒜酊、300~500 mL 大黄酊、15~30 mL 钱子酊与 1 000 mL 洁净饮用水灌服。急症病牛，需瘤胃穿刺放气治疗，应注意在放气处理中要保持匀速，避免过快而导致脑部贫血而亡。

在羊类中，需用大号针头或者套管针进行左肷穿刺放气。如果属于轻度发展的疾病，则可选择用药物治疗。可用 100~200 mL 75% 乙醇，或 100~200 mL 白酒，或 3~8 g 鱼石脂与 100~300 mL 洁净饮用水投服。也可用 100~300 mL 植物油，100~200 g 草木灰，或 100~200 mL 石灰水，或 100~200 mL 食醋进行一次性投服。中药治疗上，可以运用枳实与香附各 30 g，木香与陈皮各 10 g，研磨成粉状，混合 300 mL 植物油投服。

二、中毒或者烧伤

由于误食有毒草料，病牛、羊会产出现口吐白沫、烦躁不安、口鼻发绀、呼吸急促等症状。

可灌服鸡蛋清，羊类约为5个，牛类约为8个，同时按剂量皮下注射2~5 mg硫酸阿托品，也可以将药物与葡萄糖配伍后静脉注射。如果病畜是因毒蛇咬伤而导致中毒，需要确定咬伤部位，对咬伤部位做捆扎，避免毒液进一步扩散，同时也应迅速对咬伤部位做挤压来排出毒液，尽快注射相应血清治疗。

三、牛流行性热与羊快疫

病牛体温升高到40~42 ℃，精神不振，食欲废绝，反刍停止。病牛眼结膜潮红与肿胀，鼻部、眼部有分泌物、流涎。被毛粗乱，弓背，运动不协调，懒于活动，肌肉震颤，呼吸急促。可以用紫胡40 g，大青叶、黄芩、双花连翘各30 g，薄荷25 g，甘草和大枣各20 g，研磨成粉状后口服。若属于胃肠型者可添加穿心莲与胡莲，在西药治疗上可以用氯霉素、庆大霉素与黄连素等。若属于瘫痪型，可以添加川断、牛膝与红花，西药可以运用可的松与水杨酸钠。若属于肺炎型可以添加葶苈子、桔梗与公英，西药可以运用链霉素、卡那霉素与青霉素等。跛行且体温较高病牛可以添加桂皮、丹皮与公英，西药可以运用抗菌素、安乃近与复方氨基比林等。

羊快疫疾病发病较为突然，没有明显症状，会在放牧过程中或早晨出现死亡。主要表现为病羊不愿意活动行走，运动能力紊乱，腹围显著膨大，同时伴有腹痛腹泻、抽搐磨牙，甚至导致昏迷与口吐血泡沫。一般情况会在数小时甚至几分钟内死亡，病程短。为预防该病的发生，在饲养管理上以舍饲为好，避免接触到被污染的饮水与草料。同时舍内要注意保暖通风，饲料更换要循序渐进，避免突然改变。在治疗药物上，需要运用80万~160万U的青霉素肌肉注射，第一次注射时剂量加倍，每天注射3次，连用3~4 d，也可口服磺胺脒，剂量按每天0.2 g/kg，第二天药量减半，持续3~4 d。

四、羊肠毒血症

该病主要表现为突发性死亡，病程稍长，病羊会表现为搐搦与安静状态下的死亡、昏迷。病羊会表现出神经症状，四肢呈游泳状划动，肌肉震颤，眼球频繁转动，口部分泌物过多，在2~4 h时间内会迅速发生死亡。可用磺胺、抗生素与镇静强心治疗结合。

1. 羊肠毒血症的病状

病状多为急性，突然发生死亡。病程缓慢者，常表现神经症状，如头向后倾，转圈，盲目行走等，随后倒地在昏迷中死亡。有的表现沉郁、流口水或死前有腹泻。一般体温不高，尿中含糖量增高2%~6%。

图 9-1 羊肠毒血症的病状

2. 羊肠毒血症的病理变化过程

肾脏软化如泥样，稍加触压即溃烂。肝脏肿大、脆软，被膜下有气体。胃肠表现出血性炎症（尤以真胃与小肠为重）。体腔有积液，特别是心包为甚，心内外膜有出血点。全身淋巴结肿大，切面黑褐色。

3. 羊肠毒血症的预防方法

春末夏初，应特别注意防止羊一次食入大量青嫩牧草。

预防：注射可用羊快疫、猝疽、肠毒血症三联苗注射接种。半岁以下的羊一次皮下注射 5~8mL，半岁以上一次皮下注射 8~10mL。

治疗：此病由于发病较急，常医治无效。若病程缓慢者，可用黄胺类药物、抗菌素药物治疗，可收到一定的疗效。

五、奶牛传染病的防治

1. 口蹄疫

是由口蹄疫病毒引起的人畜共患的一种传播特快、急性、热性、高度接触性传染病，主要侵害牛、羊、猪等偶蹄动物，传染性强，发病率高，多发在秋、冬、春季。

（1）症状

体温升高到 40~41℃，口腔黏膜、舌部、蹄部及乳房皮肤发生水泡和烂斑，食欲下降，产奶量下降，走路跛行或卧地不起。

（2）防治措施

1）平时要坚持做好口蹄疫疫苗接种工作。

2）发现疫情应及时上报，隔离病畜，封锁疫区，对病、死畜及同群畜就地捕杀、销毁。

3）对疫点周围和疫点内未感染的奶牛，紧急接种口蹄疫疫苗或高免血清。

4）对被污染的牛舍、工具、粪便、通道等进行彻底消毒。

5）最后一头病牛处理14天后，无新病发生，再经彻底消毒，经上级主管部门检验合格后，方可解除封锁。

2. 结核病

是由结核杆菌引起的人畜（禽）共患的一种慢性传染病，主要通过呼吸道和消化道感染，特征是在一些组织器官中形成结核结节，继而结节中心干酪样坏死或钙化。

（1）症状

1）肺结核长期咳嗽，逐渐消瘦，呼吸困难，淋巴结肿大。

2）肠结核前胃弛缓，持续下痢，粪稀带血或脓汁，消瘦。

3）乳房结核乳房淋巴结肿大，乳房内有大小不一的坚硬结节，产奶量下降，奶汁变稀，呈灰色，严重时乳腺萎缩，泌乳停止。

（2）防治

1）每年春秋两季用结核菌素进行检疫，对阳性者进行隔离治疗或淘汰。

2）患有结核病的人不得饲养牛及其它家畜。

（3）对被污染的场地、用具进行彻底消毒，对重症牛应做宰杀处理。

4）多采用链霉素、异烟肼、利福平及对氨基水杨酸进行治疗。

3. 布氏杆菌病

是由布氏杆菌引起的一种人畜共患传染病，主要侵害生殖系统，以母牛发生流产和不孕、公牛发生睾丸炎和不育为特点。

（1）症状

怀孕母牛表现为流产，一般在怀孕5～7个月产出死胎或弱胎，并出现胎衣不下、子宫内膜炎等症状，使其屡配不孕。患病公牛发生睾丸肿大，有热、痛感，有的鞘腔积液。

（2）防治

1）定期检疫，每年做2次凝集反应试验，阳性牛隔离治疗或淘汰。

2）每年进行布氏杆菌疫苗的定期预防注射。

3）严格消毒被污染的牛舍、用具等，粪、尿要进行生物发酵。

4）病死牛的尸体、流产的胎儿、胎衣等做焚烧或深埋处理。

5）有关人员要做好个人防护，防止感染。

4. 炭疽

是由炭疽芽孢杆菌引起的一种急性、热性、败血性传染病，其特征是皮下和浆膜组织出血，浆液浸润，血凝不全，脾脏肿大，呈急性和最急性经过。

（1）症状

1）最急性病牛突然死亡，口鼻等天然孔流出焦油样血液。

2）急性体温41～42℃，从兴奋不安，消化紊乱，口鼻出血，转为呼吸困难，步态不稳，腹泻带血，泌乳停止等，病程1～2天死亡。

3）亚急性舌及口腔粘膜发生硬的结节，颈部、胸部、外阴部水肿为炭疽痈，肛门浮肿，排粪困难、带血。

（2）防治

1）每年冬、春季用炭疽芽孢疫苗作一次预防注射。

2）发现疫情做好封锁、隔离、消毒工作。

3）病、死畜不得剖杀，应火烧或消毒后深埋；粪便、垫草、用具等焚烧或消毒处理，同群健畜用高免血清进行预防注射。

第二节　猪的主要传染病诊断

一、猪消化系统疾病及防治

猪的消化系统由口腔、咽、食道、胃、肠、肝、胰、肠道等组成。消化系统的主要功能是摄取、消化食物，吸收营养物质、水分和电解质，供给机体生长、发育和维持生命的需要，排除废物等。

猪是杂食动物，食物（食料）结构比较复杂。消化系统又是与外界（生物因子、理化因子、环境因素）接触最直接、最广泛的系统，要想维护好正常的生理功能，必须具有完善的保护屏障和生物调节机制，从而防止某些生物大分子和病原微生物的侵袭。但是，由于消化系统的自身特点，最容易发生功能紊乱，造成严重的经济损失，主要表现在：①增重减少，饲料报酬降低；②母猪发病影响繁殖机能，丧失哺育仔猪的能力；③仔猪群发生某些消化道传染病时，往往会引起大批死亡，甚至导致猪场倒闭；④发病猪的治疗和护理往往要花费很高的费用。猪消化系统疾病相当复杂。临床表现多种多样，许多全身性疾病或其他系统疾病也会伴有消化系统症状。现将猪消化系统常见疾病及防治措施介绍如下。

1. 几种主要消化道疾病

（1）口炎

口炎是口腔黏膜炎症的统称，分为卡他性、水泡性、固膜性和蜂窝织性等类型。卡他性口炎的症状有流涎、采食和咀嚼障碍，口腔黏膜潮红、温度升高、肿胀和疼痛。其他类型口炎除上述基本症状外，还有口腔黏膜的水疱、溃疡、脓疱或坏死等病变，有些病例伴有发热等全身症状。非传染性病因，包括机械性、温热性和化学性损伤，以及核黄素、锌等营养缺乏症。传染性口炎见于口蹄疫、猪水疱病、猪水疱性口炎、猪水疱疹、猪痘等。

（2）咽炎

咽炎是咽黏膜、软腭、扁桃体（淋巴滤泡）及其深层组织炎症的总称。按病程分为急性和慢性，按炎症的性质分为卡他性、蜂窝织性和格鲁布性等类型。症状可见头颈伸展，吞咽困难，流涎，呕吐或干呕，流出混有食糜、唾液和炎性产物的污秽鼻液。沿第一颈椎两侧横突下缘向内或下颌间隙后侧舌根部向上作咽部触诊，可见软腭和扁桃体高度潮红肿胀，有脓性和膜状覆盖物。蜂窝织性和格鲁布性咽炎伴有发热等明显的全身症状。常见病因包括机械性、温热性和化学性刺激，如寒冷、感冒应激时，机体防卫能力减弱，链球菌、大肠杆菌、沙门氏杆菌等条件性致病菌发生内在感染。口蹄疫、猪瘟、伪狂犬病等也伴有咽炎的发生。

（3）食道炎

食道炎是食管黏膜及深层组织的各类炎性疾病。症状为轻度流涎，吞咽困难，头颈不断伸屈，精神紧张，表现疼痛。触摸探诊食管，可发现敏感，并诱发呕吐动作。原发性病因包括机械性刺激，如粗硬食料、尖锐异物等；温热性刺激，如滚烫的饲料，以及化学性刺激等；继发性食道炎见于口蹄疫、坏死杆菌病等。

（4）胃食道区溃疡

胃食道区溃疡，又名胃溃疡综合征，是特发于猪的一种以胃食道局限性溃疡为特征的疾病。通常不表现明显临床症状，多数病猪因胃内出血而死后才发现。亚急性胃内出血病例可见可视黏膜苍白，体质衰弱，厌食，粪便呈柏油样糊状，含有大量血液和黏液，通常在1～2d内死亡。慢性胃出血不易被发现，是屠宰猪的一种常见多发病，似乎局限于大量摄入高能量高淀粉饲料、生长迅速、体重45～90kg的圈养猪。有人认为此病发生与遗传性有关，也有人认为主要病因是饲养管理不当。

（5）胃肠卡他

胃肠卡他，即卡他性胃肠炎，或称消化不良，是胃肠黏膜表层炎症和消化紊乱的统称。按疾病经过，分为急性胃肠卡他或急性消化不良和慢性胃肠卡他或慢性消化不良；按病变部位，分为胃卡他即以胃为主的消化不良。

按发病机理，分为功能性消化不良（指各种致病因素直接刺激胃肠黏膜上的感受器，或通过神经体液反射性地破坏胃肠的分泌而引起的消化功能障碍）和器质性消化不良（指有胃肠黏膜表层炎症的消化不良）。

以胃机能障碍为主的消化不良主要表现为：精神怠倦，饮食欲大减；口腔症状明显，黏膜潮红，唾液黏稠，口气恶臭，舌被覆灰白色舌苔；肠音微弱，粪便干小、球状，含消化不全粗纤维和谷物；常发呕吐，往往便秘。以肠机能障碍为主的急性消化不良最突出的症状是腹泻和贪饮，粪便呈稀糊状以至水样，恶臭，混有黏液和未经消化的饲料，肠音增强。慢性消化不良表现为病猪精神沉郁，可视黏膜苍白，食欲忽好忽坏，往往异嗜，口腔黏滑、臭味大，有厚薄不等的舌苔；肠音或增强或减弱；便秘与腹泻交替发生，粪便含消化不全的粗大纤维和谷物，病程长，最终陷于恶病质状态。病因主要有：饲料品质不良，如粗纤维量过高、饲料霉变腐败变质或含有毒物质等；饲养管理不当，如突然变更饲料，不按时供食供水，环境恶劣等；误用刺激性药物和食物中毒等，以及原因复杂的仔猪断奶后腹泻；病原因子导致发病，如传染性胃肠炎、球虫病、肠道蠕虫病等。

（6）胃肠炎

胃肠炎是胃黏膜和肠黏膜及黏膜下层组织重剧炎性疾病的总称。包括黏液脓性、出血性、纤维素性、坏死性等炎症类型。猪发病初期多呈急性消化不良症状，然后逐渐或迅速地出现胃肠炎的典型临床表现，重剧的胃肠炎机能障碍和全身症状，明显的机体脱水，甚至有自体中毒症，治疗不当转归死亡，病程急短。胃肠炎的典型症状是呕吐和腹泻，是猪消化系统的主要疾病。呕吐物带有黏液和血液。剧烈腹泻，粪便稀软，粥状、糊状以至水样，夹杂数量不等黏液、血液和坏死组织片，有时肛门松弛，排粪失禁，呈里急后重状态。病猪迅速脱水，消瘦。

1）伴有呕吐的疾病

①猪丹毒等热性疾病的初期（刺激呕吐中枢）。

②机磷中毒。

③性胃肠炎、沙门氏菌感染、仔猪剧烈下痢、胃溃疡、胃积食、食物中毒、蛔虫病等（刺激迷走神经）。

④膜炎：见于嗜血杆菌感染。

⑤疝气。

2）伴有腹泻的疾病

①病毒性疾病：传染性胃肠炎、猪瘟、非洲猪瘟、轮状病毒感染、猪流行性腹泻、肠道病毒感染、腺病毒感染等。

②细菌性疾病：大肠杆菌病、沙门氏菌病、猪痢疾、梭菌性肠炎等。

③寄生虫性痢疾：球虫病、弓形体病、蛔虫病、鞭虫病、肠结节虫病、类圆线虫病等。

④其他：食物中毒、寒冷刺激、异常乳汁等。

（7）便秘

便秘是由于肠弛缓、干涩、造成肠腔阻塞的一种腹痛性疾病。病猪一般表现为精神沉郁，食欲减退或废绝，有时饮欲增加，偶见腹胀、不安等。主要症状是频频取排粪姿势，排粪艰难，有时能排出干小球粪，上附有黏液或血丝。听诊时肠音减弱或消失，伴有肠臌气时可听到金属性肠音。触诊腹部时显示不安，有时可摸到肠内干硬的粪球。原发性肠便秘主要起因于饲养管理不当，如长期饲喂含粗纤维过多的饲料或精料过多，青饲料不足或缺乏饮水或矿物质性添加剂添加过多等。继发性肠便秘，常见于猪瘟、猪丹毒、弓形虫、流感等热性病发生过程中。

2. 主要防制措施

猪消化系统疾病病因复杂，而且发病机理与猪体自身状况密切相关，防制时应从多方面考虑。

（1）科学饲养

科学饲养管理是防制猪消化系统疾病的基础。猪消化系统疾病的发生机理和发病严重程度与饲养管理密切相关。各种因素，如营养不良、冷热、潮湿、断奶、转群等都可引起猪发生应激反应，减弱其免疫力和防御功能，从而诱发疾病。其中有些不良饲料因素如饲料品质不良等可直接导致消化疾病。

1）提供合理营养

猪是生长速度比较快的杂食动物，在其生长过程中对营养物质的要求比较高。如果营养供给不上，就会导致生长减慢、停滞甚至出现各种营养缺乏性疾病。

2）科学配方

根据不同品种、性别、年龄、生长发育阶段和猪群性质、用途，科学地制定营养全面的饲料配方。随着养猪业的发展，人们对养猪生产效率提出越来越高的要求，只有根据猪的生理特点和生长规律制定科学的食谱，才能维持其健康生长。

3）科学喂养

根据各类猪群的特点确定合理的饲养方法。按猪群需要供料供水，不可断缺，不要突然更换饲料。同时防止饲料在猪舍中存留过久而发霉变质，保证饮水清洁卫生，不污染粪便、有害微生物和寄生虫卵，不含有害化学毒物或过多的矿物质。

4）保证饲料品质优良，防止中毒，不以霉败、变质谷物作饲料来源

饲料中添加的含有毒成分的添加料如棉籽饼、豆饼、菜籽饼等应经正确处理并限量。青饲料不要堆积过久。

（2）加强管理控制

猪舍温度。温度是养猪生产中最重要的环境因素。温度过高过低都会对猪的新陈代谢和生长发育产生影响，严重时可引发疾病。仔猪对环境温度变化特别敏感，冷热刺激都会引起仔猪的应激反应，导致不完善的消化机能进一步减弱，诱发消化道疾病。在管理上，应注意搞好冬季的保温防寒和夏季的防暑降温，平时也要随时注意气候的变化。对保育栏、哺育栏中的仔猪要特别护理。

1）防止猪舍潮湿

随时清除舍内粪、尿，冲洗后尽快把水扫净，时常通风换气带走舍内湿气。猪舍潮湿不仅易引起猪的湿疹、关节炎、软脚、腐蹄病等，而且为寄生虫和病原微生物的生存创造了条件。

2）保持舍内光线充足，空气新鲜。

猪舍内最好能让阳光透入，以抑制微生物的生长繁殖。维持良好的通风状态，夏天应有穿堂风，冬天要有透气孔。

3）减少应激因素。

饲喂、打扫卫生、消毒时应动作轻柔，不要惊群。尽量消除周围环境的噪音。

4）加强哺乳期母猪和仔猪的饲养管理。

分娩时做好护理工作。仔猪出生后断脐带、剪牙、打耳号以及断尾都是严重的刺激，应一次完成。做好断奶时的管理工作，防止仔猪早期断奶后的腹泻。抓好仔猪早期补饲，圈舍、饲料成分、饲喂次数、饲料量等逐渐过渡。

（3）严格卫生管理和消毒

做好猪场的卫生管理和消毒工作，切断传播途径，是防制消化系统疾病的最有效措施之一。

1）场区卫生管理和消毒

禁止闲杂人员及车辆出入猪场，减少饲养工作人员进出，再大的出入口设置消毒池和洗手消毒盆，有条件的猪场应配备淋浴间，每栋猪舍设小消毒池和更衣间。

2）猪舍卫生管理、消毒和驱虫

保持猪体清洁卫生，清除猪体上的粪污和灰尘，可定期用水淋浴，刷拭干净，并喷洒消毒液。转移到配种舍的母猪应进行配种前驱虫和杀虫。交配前应对公猪和母猪的躯体特别是会阴部进行彻底清洗和消毒。产房应进行严格清洗和消毒，分娩前母猪彻底清洗消毒。保育栏经常冲洗消毒，母猪乳房哺乳前消毒。定期对全体猪群进行驱虫，按照当时寄生虫系和虫卵发育条件，媒介活动情况，于春秋两季或其他季节选用驱虫药进行驱虫，仔猪断奶后必须驱虫一次。

（4）查明和杜绝疫病来源

1）自繁自养和全进全出

猪场最好自养公猪和母猪繁殖仔猪，自己育肥，避免买猪时带进传染病。为了提高效率，加强疫病预防，尽量采取全进全出饲养方式。

2）对引进猪群的管理

不从发病地区引进猪源。引进猪应隔离观察2周再并群。其间应进行肠道蠕虫和体虫的驱除。确认无传染病后，经过彻底清洗和体表消毒，方可正式入场投产。

3）做好本场的疾病监控工作

及时发现病情并迅速做出诊断，一旦发生传染病，立即对发病猪群实行隔离或封锁，严格消毒。对病猪的排泄物及接触过的场地、圈栏、饲具以及接触过病猪的人员进行消毒，其他临近猪舍应增加消毒次数，做好预防性消毒。病死猪是疫病传染的主要来源，最好焚毁或消毒后加生石灰深埋。疫病扑灭后，实行终末消毒，对病猪周围的场地、栏舍、一切饲养管理用具以及痊愈后的猪体进行彻底消毒。

二、猪链球菌及防治

猪链球菌病不仅危害牲畜，也对人类的健康造成巨大威胁，是一种由多种致病链球菌感染引起的，具有较强的传染性，发病比较急，常见的猪链球菌病主要有两种：败血性链球菌病和淋巴结脓肿。其主要的特征为化脓性淋巴结炎、脑膜炎、急性出血性败血症、关节炎等炎症，其中危害最大的是败血症，猪链球菌病能够感染特定的人群，严重的病情可导致死亡。根据我国现行的《中华人民共和国动物防疫法》规定，此疫病为二类动物疫病。

1. 猪链球菌病理特点

（1）猪链球菌病的流行特点

猪链球菌病发病没有特定的季节性，一年四季均能发生，一般情况下在夏秋两级炎热潮湿时期发病较频繁。其发病流行特点多为散发和地方性流行，偶尔出现爆发。对于广大养猪场来说，猪链球菌病已经成为常见病和多发病，危害面较广，经常成为一些病毒性疾病的继发病，如瘟疫、猪繁殖与呼吸综合征、猪圆环病毒等，而且容易与一些细菌性疾病造成混合感染，如巴氏杆菌病、附红细胞体、传染性胸膜炎、副猪嗜血杆菌等疾病。养猪场的环境卫生较差、外界天气变化较大、猪营养不良、阴雨天气、长途运输等情况均能引发该病，败血症链球菌的发病率一般为30%左右，有时在特殊的诱因下造成的死亡率高达50%以上。

（2）病原与传播特点

猪溶血性链球菌属于革兰氏阳性细菌，一般情况下多呈球形或者扁平状，不运动，也不形成芽孢，在培养液、血液以及组织中通常呈单个或者双球形短链接，很少会看到多个链球菌菌体组织相互连接在一起，一旦在培养物中培养超过48h，其菌体会变成革兰氏阴性。猪链球菌对外在环境的抵抗能力很强，具有较强的耐冷性，也有一定的抗热性，将其放在清水中加热煮沸3分钟以上才能将其杀死，对一些化学制剂相对敏感，比如在2%浓度的苯酚酸中3分钟才能杀死、0.1%浓度的新洁尔灭中5分钟才能杀死、1%浓度的来苏水中5分钟才能将其杀死，相同时间在3%浓度的漂白粉中也能将其杀死。猪链球菌病能够感染不同年龄的猪，与猪的品种和性别以及年龄无关。通常在断奶后的仔猪中常见。仔猪感染此病会出现败血症和脑膜炎，而育肥猪和成年猪感染此病会出现淋巴结脓肿。猪链球菌主要的传染源为病猪和带细菌猪，尤其是一些携带败血症病菌猪的排泄物、分泌物，在一些内脏器官中也有病菌。其感染的主要途径是通过呼吸道、受损的皮肤、黏膜、消化道等。由于饲养的饲料和水源的不清洁导致此病的发生也经常遇到。

（3）主要临床表现

猪链球菌病主要的临床症状为败血症、淋巴结脓肿、脑膜炎等。其中败血症主要分为最急性、急性以及慢性三种，最急性的败血症其特点为发病急、病程较短、常无任何征兆造成死亡。猪的体温超过41℃，呼吸急促，一般在24小时内死亡。急性败血症特点为突发性、体温迅速升高至40℃以上，呼吸急促，口鼻干燥，鼻腔分泌黏稠性排泄物、脓性分泌物，结膜潮红、流泪。颈部、四肢以及腹下等处出现紫红色斑点。多在发病后1~3天死亡。慢性败血症主要特征为多发性关节炎、关节肿胀，有些甚至瘫痪，最终因体质衰弱、麻痹致死。脑膜炎败血症主要以脑膜炎为主，多见于仔猪，主要临床症状为精神症状，比如磨牙、转圈、抽搐、吐白沫等，最后麻痹致死，其病程有时仅为几个小时，五天之内致死，病死率非常高。淋巴结脓肿型主要特点为咽部、颈部、淋巴结等处化脓、出现脓肿症状。

（4）病理变化

败血症的病理分析：剖检发现鼻黏膜出现紫红色，出血或者充血，咽喉、气管等内脏充血，伴有大量泡沫，肺部出血，不同部位的淋巴结出现不同程度的肿大。脾脏肿大2倍左右，并呈暗红色，边缘部出现黑红色出血病区。胃部和肠道黏膜出现不同程度的充血或者出血，肾脏出现肿胀，出血。脑膜炎类型分析：剖检脑膜出血、充血、溢血，部分脑部有积液，部分切点有出血现象。淋巴结脓肿型分析：剖检可发现关节腔内出现大量黄色积液、化脓性渗透物、淋巴结肿胀。

2. 综合防控措施

鉴于链球菌存在的广泛性和疫病流行的特点，防制猪链球菌需要采取综合性防范措施。

（1）加强饲养管理

一则加强猪舍通风、保证空气质量，适当降低饲养密度，减少各种应激，增强猪群的抵抗力。其二，及时清除粪尿等污物、做好环境卫生，防止猪圈和饲槽上的尖锐物体刺伤猪体，新生的仔猪出生后立即结扎脐带，并用碘酊消毒。

（2）严格消毒，做好生物安全

实行全进全出制，建立严格的日常消毒制度并实施。空栏消毒使用3~5%烧碱，带猪消毒使用1：200的聚维酮碘。

（3）加强引种时的检疫以及隔离和药物保健工作

严格检疫，杜绝阳性病猪入场。引种回的猪进行隔离，一般隔离45天，隔离期间做好链球菌的预防，可接种疫苗，同时使用药物控制，如盘尼克1000g+比龙恩康1500g/吨拌料，连用7~10天。

（4）免疫接种

选择优质、高效、多价的链球菌疫苗，并设定科学的免疫程序接种链球菌疫苗，母猪2次/年，链球菌严重的猪场可以给仔猪接种疫苗，10~15日龄仔猪进行首免，30~35日龄时二免。

（5）药物预防

在疫病的高发季节，可以使用敏感药物进行预防。许多药物敏感试验证明，猪链球菌对阿莫西林、氨苄西林、头孢噻肟、恩诺沙星、环丙沙星、呋喃妥因等高度敏感，对阿奇霉素、罗红霉素、氯霉素、林可霉素耐药，敏感性差。因此，可以在饲料中添加链球菌敏感的药物，如盘尼克1500克+比龙恩康1500克/吨，连用7天。

（6）治疗方法

对发病猪群应严格隔离和消毒环境，对圈舍、场地、器具等用"菌毒灭"配成500倍水溶液带猪消毒；用2%氢氧化钠溶液喷洒被污染的用具及环境，每天1次，连用3天；对病死猪做无害化处理，以防疾病蔓延。

治疗可参考以下方法：

1）青霉素钠（钾）粉针。肌注：每kg体重2万～3万国际单位，每日2～3次。

2）恩诺沙星注射剂。肌注：每kg体重2.5～5mg，每日2次。休药期10天。

3）林可霉素注射剂。肌注：每kg体重5～7.5mg，每日1～2次。休药期2天。

4）乳糖酸红霉素注射剂。肌注：每kg体重5～10mg，每日2次。

5）复方磺胺嘧啶钠注射液。肌注：每kg体重20～25mg（按二药总剂量计算），每日2次。休药期10天。

三、猪丹毒及防治

猪丹毒是由猪丹毒杆菌引起的一种急性、热性传染病，以急性败血症、亚急性皮肤疹块、慢性疣状心内膜炎、皮肤坏死和多发性非化脓性关节炎为特征。该病能感染各年龄阶段的猪，但主要侵害育成猪和架子猪。猪丹毒在我国各地普遍流行，给养猪业造成了较大的经济损失。随着各地养猪的规模化和技术化，加之实施以免疫预防为主的综合防治措施，猪丹毒的防治水平不断提高，猪丹毒得到了有效控制。但由于近年来有的猪场忽略了猪丹毒等细菌性疾病的免疫预防，致使猪丹毒又有了流行的趋势。免疫接种和使用青霉素是防治猪丹毒的最有效、最简便最低廉的措施。

1. 猪丹毒的病原

（1）分类、形态和特征

猪丹毒的病原为丹毒丝菌属红斑丹毒丝菌，习惯上又称之为猪丹毒杆菌，是一种革兰氏阳性无芽孢杆菌，，是一种革兰氏阳性菌，具有明显的形成长丝的倾向，不运动，不产生芽孢，无荚膜。本菌为平直或微弯纤细小杆菌，大小为0.2～0.4微米×0.8～2.5微米。在病料内的细菌，单在、成对或成丛排列，在白细胞内一般成丛存在，在陈旧的肉汤培养物内和慢性病猪的心内膜疣状物中，多呈长丝状，有时很细。本菌对盐腌、火熏、干燥、腐败和日光等自然环境的抵抗力较强本菌的耐酸性较强，猪胃内的酸度不能杀死它，因此可经胃而进入肠道。革兰氏染色呈阳性，在老龄培养物中菌体着色能力较差。

一般化学消毒药对丹毒杆菌有较强的杀伤力，如3%来苏儿、1%-2%苛性钠、5%石灰乳、1%漂白粉、3%克辽林 5-15 min 均可把该菌杀死。该菌耐酸性较强，猪胃内的酸度不能杀死杆菌，因此，该菌可通过胃而进入肠道。猪丹毒杆菌在体外对磺胺类药物无敏感性，抗生素中对青霉素极为敏感。

（2）培养特性

该菌为微需氧或兼性厌氧菌，在普通培养基上即能生长，pH值在6.7~9.2范围内均可生长，最适pH值为7.2~7.6，生长温度为5~42℃，最适温度为30~37℃。普通琼脂培养基和普通肉汤中生长不良，如加入0.2%~0.5%（W/V）葡萄糖或5%~10%的血液或血清，并在10%的CO_2中培养，则生长旺盛。猪丹毒杆菌在血液或血清琼脂平板上培养的菌落形态，根据来源不同，有光滑型（S）、粗糙型（R）和介于两者之间的中间型（I）3种类型，三者间在一定条件下可发生互变。急性病猪分离的菌落为S型，培养24h其菌落纤细、针尖大呈露珠样、透明、表面光滑、边缘整齐、有微蓝色光，直径小于1mm；在鲜血琼脂培养基上呈α溶血环，菌体短细，毒力很强，在肉汤内培养轻度均匀浑浊，无菌膜，有少量沉淀。粗糙型菌落（R型）一般多见于久经培养或慢性病猪和带菌猪的分离物中，菌株毒力很低，菌落较大，表面粗糙，边缘不整，土黄色，呈长丝状；在肉汤中培养时，明显浑浊，有多量沉淀。中间型菌落（I型）呈金黄色，毒力介于光滑型和粗糙型之间。明胶穿刺时，细菌沿穿刺线向四周发育，呈试管刷状生长，明胶不液化，为丹毒杆菌的特征。在麦康凯琼脂上一般不生长。

猪丹毒杆菌可发酵葡萄糖、果糖和乳糖，产酸不产气，一般不发酵甘油、山梨醇、甘露醇、鼠李糖、蔗糖、松田糖、棉实糖、淀粉、菊糖等。该菌能产生H2S，不产生靛基质和接触酶，不分解尿素，在石蕊牛乳中无变化，MR试验及VP试验阴性。

（3）血清型及其致病性

至今已发现1a、1b、2-24和N型共26个血清型，大约80%以上的猪源性分离株属1型（1a和1b）和2型。不同血清型猪丹毒杆菌对流行病学、免疫防制、实验室诊断均有重要意义。其致病力及免疫原性与菌型有一定关系，1型菌的致病力较强，2型菌的免疫原性较好，而弱毒株的血清型最为复杂。败血型猪丹毒病例分离的菌株，95%以上为1a型；皮肤疹块型病例和慢性关节炎病例分离的菌株80%以上是1a型和2型。引起猪急性经过或全身发疹的大多为1型和2型的菌株，其他的血清型菌株虽在猪的接种皮肤局部引起明显的发疹，但多数对猪不显致病性。我国从各地分离的猪丹毒菌株经血清学鉴定，致病的绝大多数是1型和2型。

2. 流行病学

（1）传染源

病猪和带菌猪是该病的主要传染源。细菌主要存在于带菌动物扁桃体、胆囊、回盲瓣和骨髓中，可随粪尿或口、鼻、眼的分泌物排菌，从而污染饲料、饮水、土壤、用具和圈舍等。该菌能够长期生存在富含腐殖质、砂质、和石灰质的土壤中，因此土壤污染也是该病的传染源。

（2）传播途径

易感猪主要经消化道和皮肤创伤感染发病，吸血昆虫也能传播该病。猪主要是通过被污染的饲料、饮水等经消化道感染，还可通过拱食土壤感染。经皮肤创伤感染也是感染途径之一。家鼠是猪丹毒的一种传播媒介，经研究发现，蚊虫吮吸病猪的血液后，蚊虫体内也会带有猪丹毒杆菌。

（3）易感动物

各种年龄和品种的猪均易感，但主要见于育成猪或架子猪，随着年龄的增长，易感性逐渐降低。以3~6月龄猪最为多发，6月龄以上的猪发病率不高。

（4）流行特点

本病一年四季均有发生，以7~9月多发，但近年春、冬季节也发生办法流行的情况出现。环境条件改变和一些应激因素，如饲料突然改变、气温变化、疲劳等，都能诱发该病。我国是猪丹毒流行较广泛的国家。

3. 临床症状

猪丹毒的潜伏期多为3~5d，短者也有1~2d，长者可达8d以上。根据临床病程的长短，可分为最急性型、急性败血型、亚急性疹块型和慢性型。据报道，我国流行的猪丹毒以急性败血型和亚急性疹块型居多。

（1）特急性型

在猪场中新出现突然死亡，没有明显临床症状。病猪体温高达42℃以上，抽搐，鼻内流出白色的泡沫样液体。这种情形在过早断奶仔猪和切除子宫的猪只中。

（2）急性败血性

多见于疾病流行初期，多数病例有明显的症状。病猪发病快，死亡迅速，死亡率高。病猪体温高42℃以上，稽留不退，常发生寒战，喜卧，不愿意走动，步态僵硬或跛行，眼结膜充血，饮水和摄食减退或废绝，有时发生呕吐。发病初期，粪便干硬，带有黏液，后期粪便稀软或发生腹泻。发病1~2d后或在死亡前，在胸、腹和股内皮肤较薄的部位出现大小和形状不等的红斑，初呈淡红色，颜色逐渐加深，用手指按压褪色，停止按压后则恢复原样。哺乳仔猪和刚断奶仔猪发生猪丹毒时往往为最急性经过，突然发病，表现神经症状，很快死亡，病程一般不超过1d。其他猪的病程约3~4d，死亡率达80%~90%。

(3)亚急性疹块型

俗称"打火印"或"鬼打印",通常为良性经过。病初时,精神不振,食欲不佳,体温高达41℃左右,少数病猪超过42℃,基本无败血症状,其特征为皮肤表面出现症块。发病1~2d后,在背部、胸部、颈部和四肢外侧的皮肤上出现大小和数量不等的疹块,多呈菱形和方形,稍微凸起在皮肤表面,初期为淡红色,随后变成紫色至紫黑色。初期症块充血,指压褪色;后期淤血,呈蓝紫色。指压不褪色。随着疹块的出现,体温也下降,病势也渐轻,经数日后疹块颜色消退,原来凸起的疹块出现下陷,表面结痂。轻者脱痂自愈,重者在疹块表面形成浆液浸润性疱疹,疱疹液干涸后形成硬痂,剥脱后留下疤痕。多转为慢性型,有的转为败血症,病程为一到两周。

(4)慢性型

多由急性和亚急性转变而来,主要表现为慢性疣状心内膜炎、皮肤坏死和多发性非化脓性关节炎。

1)心内膜炎

病猪表现为体温正常或稍高,消瘦,贫血,食欲不定,不愿走动,有轻度咳嗽,呼吸快而短促;听诊时有心杂音、节律不齐、心动过速;可视黏膜呈紫色,四肢和胸部有浮肿;被毛粗乱,消瘦,贫血。通常由于心脏停搏而突然倒地死亡。

2)浆液性纤维素性关节炎

常表现为四肢关节炎的炎性肿胀,可能是一只腿或者多只腿。发病时关节肿胀,有热痛。后期病腿僵硬,疼痛,行动困难。临床症状消失后,患病猪跛行或卧底不起。病程较长,可达数月。

3)皮肤坏死

多发生在背、肩、耳、蹄和尾部等处,局部皮肤肿胀、隆起、坏死、色黑、干硬、似皮革,经两三个月坏死皮肤脱落,遗留疤痕而愈。

(5)隐形型

现在的生猪养殖场新出现了临床症状不明显,主要发生在断奶仔猪中,但病理剖解会发现明显的猪丹毒的特征变化,仔猪发病时猪要表现为体温不超过40℃,卧地不起,不吃食,皮肤表面没有明显的症块。这个主要发生在全进全出非自繁自养猪场和断奶仔猪中,主要的原因可能有:

1)全进全出非自繁自养猪场由于仔猪的应激性。

2)断奶仔猪失去母源抗体的保护而感染猪丹毒。

3)养殖圈社消毒制度的不完善导致感染。

4)天气的骤变加之仔猪体质较差导致感染。

5)由于抗生素的滥用导致猪丹毒处于隐形感性,当环境发生变化和抗生素药物效力的降低，导致猪丹毒的感染。

4. 诊断与治疗

（1）诊断

猪丹毒病可根据该病的流行病学、临床症状及病理解剖做出诊断，特别是根据病猪皮肤、心脏、肾脏等器官的典型病理变化做出诊断。但要特别注意与猪瘟、猪肺疫、猪流感、猪弓形虫病的鉴别诊断。近年来，猪丹毒病呈现隐形发病，可用病原学、血清学、PCR进行诊断。

1）典型临床特征

①多发生于高温的5~9月，主要侵害3~6月龄的架子猪或育成猪。

②急性败血型病猪体温高达42℃以上，食欲不振，躺卧不动，眼结膜充血。

③皮肤有丹毒性红斑，特别在胸、腹和股内皮肤较薄的部位出现大小和形状不等的红斑。

④解剖病猪或尸体，脾肿大，切面白髓周围有红晕；消化道呈急性胃肠炎，尤以胃底腺和十二指肠前段为严重；全身淋巴肿胀，为急性浆液性或出血性淋巴结炎；肾肿大，外观呈花斑样，切面皮质部可见肾小球的炎症渗出。

⑤亚急性型猪丹毒具有特征性皮肤疹块，体温41℃以上，有方形、菱形、圆形疹块，通常比较容易与其他传染病的皮肤变化区别。

⑥慢性型疣状心内膜炎和关节炎，体温40~41℃，四肢关节肿胀、疼痛和僵硬。

⑦现在由于抗生素类药物超剂量超时间的滥用，导致猪丹毒病出现隐形

2）鉴别诊断

①急性猪瘟

相同点：高热、精神萎靡、食欲下降、饮欲增加等。

不同点：急性猪瘟患猪虽躺卧不想动，但敲盆唤食即能应召而来，但仅拱拱食盆不食而又回去躺卧，皮肤呈不同于疹块的弥漫性紫红色出血点。四肢关节、脾不肿胀，边肾表面、膀胱黏膜有密集出血点，淋巴结呈深红或紫红色，表现为出血性炎症；回盲处有纽扣状溃疡。

②猪肺疫

相同点：有传染性，高热，绝食，慢性时关节肿胀。

不同点：猪肺疫咽喉型表现为咽喉部肿胀，呼吸困难，犬坐，口流涎；胸膜肺炎型表现为咳嗽，流鼻液，犬卧，呼吸困难，叩诊肋部有痛感，并引起咳嗽。剖检可见皮下有大量胶冻样淡黄色或灰青色纤维性浆液，肺有纤维素炎，切面呈大理石样，胸膜与肺粘连，气管、支气管发炎且有黏液。

③猪流感

相同点：有传染性，体温高达42℃以上，眼结膜充血，关节痛，常卧不起，粪干。不

同点：猪流感患猪呼吸急促，常有阵发性咳嗽，眼流分泌物，眼结膜肿胀；鼻液中常有血，叩诊肌肉疼痛，皮肤不变色；血液、病料镜检或培养无细菌。

总之，在猪丹毒的诊断中，除了依据猪丹毒典型的临床特征，更重要的还是要结合采用病原学检查。目前，由于抗生素的滥用，许多细菌病都产生了赖药性，在细菌培养后使用药敏试验，能够更准确更好的治疗好猪丹毒病。

（2）治疗

首先，发病后首先是早期确诊，及时隔离病猪，猪舍、饲槽、饲养管理用具及环境应进行消毒，病死的猪及内脏器官等应深埋或化制处理，以防止其他猪只被感染。血清疗法和青霉素疗法是治疗猪丹毒最有效的方法，同时结合中药治疗能够有效提高治疗的效果。

1）急性败血型治疗方法

①血清疗法。

在发病初期可皮下或耳静脉猪丹毒血清，效果良好，剂量为仔猪5~10mL，3~10月龄猪30~50mL，成年猪50~70mL，皮下静脉注射，经24h后再注射1次。如果青霉素与抗血清同时应用效果更佳。应用青霉素和抗血清疗法的同时，对病情较重的病例可用5%葡萄糖加VC或右旋糖酐以及增加氢化可的松和地塞米松等静脉注射。

②青霉素疗法。

该病的首选药物为青霉素其次是土霉素、四环素和泰乐霉素，卡那霉素和新霉素基本无效。磺胺类药亦无效，急性型2万IU/（kg•bw）青霉素，静脉注射，同时肌注常规剂量的青霉素，每天肌注2次。为防止复发或转慢性，不宜过早停药，待食欲、体温恢复正常后，还应再持续用药2~3 d。

③使用青霉素G钾（每kg2万单位）和长效菌毒星（每kg3万单位）肌注，每日2~3次，坚持2~3天；同时使用蒲公英和土大黄煎水服用，每日2~3次，能够快速的治愈急性猪丹毒。在治愈后，因坚持使用药物治疗1~2天，以免该病再次发生。

④病情比较严重的使用5%葡萄糖生理盐水500mL×2并+注射用氨苄西林钠0.5g×4支+10%维生素C 10mL×2支+10%安钠咖5mL，静脉注射，一天一次。同时肌肉注射青霉素钠160万单位×3支+注射用水5mL×3支，2次/d，体温正常后再持续肌注青霉素2~3天。

⑤穿心莲注射液10~20mL，一次肌肉注射，2~3次/d，连注3~4 d，该法对亚急性猪丹毒有良效。

⑥白虎汤与犀角地黄汤相加减。石膏30g，知母15g，水牛角20g，生地15g，芍药20g，丹皮15g，二花15g，连翘15g，甘草10g。为未冲调或水煎灌服，每日两次。

⑦依据本人的多年临床经验，采用中西医结合的治疗方法，具有良好的效果。肌肉注射80万IU青霉素2支，20%安乃近10mL，每日两次；同时用土大黄150g，银花藤

300g，蒲公英：200g，车前草200g，煎水，每日3次内服。土大黄有苦寒，泻热、消肿、通便的功效；银花藤清热解毒、通经活络，蒲公英清热解毒、消炎散结，车前草清热利尿。四药合用具有泻热通便，清热解毒，抗菌消炎，消肿利尿等功效。土大黄、银花藤、蒲公英、车前草等药源广，田坎、路边都易于采挖，既能解决边远山区取药难的问题，又能减轻养畜户经济负担。在临床实践中，中西医结合治疗猪丹毒效果好，病程较轻的1天好转，3天痊愈；较重的2天好转，3～4天痊愈。

2）慢性型猪丹毒治疗

慢性型猪丹毒主要分为慢性关节炎型和疣性心内膜炎。所以要结合听诊判断有无心脏瓣膜病变，由于心内膜炎严重影响猪只的生长，若听证判定为心内膜炎则无治疗价值。对于患有慢性关节炎的采用下方治疗：柴胡15g，陈皮15g，木通10g，秦艽15g，防已15g，山楂30g，神曲30g，大黄30g，芒硝60g，白术15g，甘草10g。为未冲调或水煎灌服，每日一剂分两次用，坚持一到两个疗程使用，会有良好的效果。

但疾病暴发流行时，爆发心内膜炎的地方、没有接种而发生疾病的地方，要长期坚持通过饮水或者饲料添加大量的青霉素或阿莫西林药物，会使病情慢慢地到缓解。

3）隐形型

现在由于抗生素类药物超剂量超时间的滥用，导致猪丹毒病出现隐形病例，对这种病例使用头孢霉素效果较好，每kg肌注2万单位，连续使用3-4天，具有良好的效果。但在猪丹毒的治疗上要交叉使用药物进行治疗，以免产生赖药性。

宁外，使用中药保健疗法能更好地治疗隐形猪丹毒。寒水石5 g、连翘10 g、葛根15g、桔梗10g、升麻15g、白芍10g、花粉10g、雄黄5 g、二花5g，研末，一次喂服，2剂/d，连用一周；地龙30 g、石膏30 g、大黄30g、玄参16g、知母16g、连翘16g，水煎分2次喂服，1剂/d，连用一到两周。能较好地缓解慢性关节炎。

4）预防

①定时清洁消毒平时应坚持做好猪舍的环境卫生，定期对猪舍的地面、饲养用具进行消毒。每次出栏后，将猪舍的门、窗、墙壁、地面打扫干净，并用石灰乳或者高温消毒。猪场要严禁从发生过该病流行的猪场引种，也不要从外地引进新猪，以切断传染源。

②要严格的防范啮齿类及野生鸟类（感染带菌者）的接触。

③药物净化，控制带菌猪体内细菌的繁殖与扩散。整个猪群用阿莫西林500g/t料，连喂8天。

5）免疫接种

预防接种是防治该病的最好办法。每年春秋或者夏冬二季定期进行免疫接种。仔猪在断奶后，应接种猪丹毒疫苗，以后每隔6个月免疫一次。

①猪丹毒弱毒疫苗，是用猪丹毒2型强毒灭火后加铝胶制成，10 kg皮下或肌肉注射5

mL，免疫力可持续6个月。

②猪丹毒 GC42 系弱毒菌苗。皮下注射20亿个菌，免疫期6个月以上；该菌苗稳定、免疫原性好、安全可靠，为首选疫苗。

③猪瘟、猪丹毒、猪肺疫三联活疫苗，由于含有三种不同疫病的成分，安全效果相对较差，个体弱或者病猪不易注射该种疫苗。

④猪丹毒、猪肺疫氢氧化铝二联灭火苗，注射18天后可产生免疫力，免疫期为6个月。

⑤猪丹毒亚单位疫苗，利用 DNA 重组技术制成的亚单位疫苗具有安全高效的特性。

⑥生长猪可从6周龄开始接种免疫，通常相隔4周进行二次免疫，可以有效地防治猪丹毒；

⑦在9-12周龄开始使用一次剂量，可为生长期提供足够的抗体。但在繁殖原种猪仍要求在繁殖前进行一次二次免疫。

⑧此外，目前国内外还在开展基因疫苗和活疫苗的研究工作。

四、猪皮肤病的防治措施

猪皮肤病是发病率较高的一种猪类疾病，猪舍的清洗工作不到位或是猪体的不够清洁，都容易导致猪患上皮肤疾病。一般猪在患上皮肤疾病后，表面皮肤会长出一些结节，初期为黄豆大小，而且会随着发病时间的延长而发痒，会导致猪的体型变得消瘦，皮肤和体毛粗糙无光泽。猪的皮肤病虽然不够明显，但也要加强防治，在猪患病前期就应及时清洗消毒，等到后期猪开始发病时，应当在猪体喷洒高锰酸钾溶液或敌百虫溶液，如果皮肤病已经感染到猪的全身，就应尽快注射塞米松或青霉素药物。

1. 环境性皮肤病

（1）晒斑

晒斑常因开放饲养，长时间受太阳光照射引起；青年猪和从未接触阳光的猪群患病较严重。在经过数小时的日照时，就会红斑并逐渐扩大，常见于背部与耳后，常见的症状有：皮肤水肿，患处发热，触摸疼痛；较为严重的呈步态缓慢状，时常伴有突然的肌肉颤搐与骤然跳跃，患处的皮肤呈鳞屑状，干燥脱皮。

预防措施：提供遮阴的实施，尽量阻止动物接触太阳的照射。

治疗：最简单的就是在皮肤上抹一层刺激性小的油，植物油、轻矿物油都可以，方便见效。

（2）皮肤坏死性皮肤病

由于地面粗糙导致膝、蹄冠、肘、跗节以及蹄上的皮肤坏死，这种最为普遍。小猪出生数天后即可出现，1~2周内病变扩展到最大，随后开始恢复。3~4周内新生的上皮已盖满坏死部位，有的小猪会发生乳房及尾巴的皮肤坏死。

预防措施：防止猪只受伤，地板粗糙适度，在母猪分娩床上铺上软垫。

治疗：受伤部位用碘酊涂擦。

（3）过敏性皮肤病

一般过敏性皮肤病表现为湿疹。湿疹是一种过敏性疾病，是由致敏物质所引起，这种物质位于表皮、真皮上皮（乳头层）上。主要症状为患处的皮肤出现红斑、丘疹、水泡、脓疱、糜烂、结痂及鳞屑等皮损，并伴有热、痛、痒症状，家禽都有可能感染这种病，一般多发生在春、夏季节。

预防措施：加强管理，保持皮肤清洁、干燥；圈舍要通风良好，患畜应适当运动，并给以一定的日光照射时间；要远离刺激性的药物，饲料要有营养且容易消化。如果发病，要进行及时的治疗。用药是也要主要不能用强刺激性的，以避免其他刺激因素的影响。

治疗：遵循去病因、脱敏、消炎的治疗原则。应先清理好患处，在用药剂涂抹。

2. 营养物质缺乏性皮肤病

营养物质缺乏或过多会引起皮肤病变，典型的病变形式为被毛差、脱毛、角化不全和湿疹性皮炎。

（1）锌缺乏性皮肤病

锌缺乏症的主要临床症状有皮肤角化不全或角化过度。猪的皮肤角化不全多发生于眼、口周围以及阴囊与下肢部位，也有的呈皮炎（缺锌性皮炎）和湿疹样病变，且皮肤瘙痒、脱毛。同时，猪出现生长发育迟缓、骨髓发育异常、骨短粗、繁殖机能障碍等症状。

预防措施：消除妨碍锌吸收、利用的因素，调整饲料日粮配方，适当补给锌盐，以提高机体中的锌水平。仔猪一般补料量为 $4.1 \times 10^{-5} \sim 4.5 \times 10^{-5}$，母猪为 1.0×10^{-4}。

治疗：按照饲料配方在饲料中添加锌盐。

（2）必需脂肪酸及必需氨基酸缺乏性皮肤病

必需脂及必需氨基酸缺乏时，皮肤色暗、被毛干燥，有鳞屑的脂溢性皮炎、耳部、腑窝处、肋腹下有褐色渗出物。随后有可能出现坏死皮疹掉毛。

预防措施：按照饲养标准合理配合饲料，保证饲料营养均衡、全面、质量过关。

治疗：在饲料中添加相关的营养物质，并根据具体情况采取相应措施，同时进行对症治疗。

（3）核黄素（VB2）缺乏性皮肤病

核黄素（VB2）缺乏引起的皮炎，病变部位有鳞屑、溃疡、掉毛，大量的皮脂渗出物。病猪可能伴有结膜炎、眼睑水肿、白内障。母猪表现为不育、瘦弱、泌乳困难。

预防措施：按照饲养标准合理配合饲料，保证饲料营养均衡、全面、质量过关。

治疗：在饲料中添加相关的营养物质，并根据具体情况采取相应措施，同时进行对症治疗。

（4）泛酸缺乏性皮肤病

泛酸缺乏的症状是猪生长缓慢、咳嗽、腹泻、脱毛、眼周转有深褐色渗出物，并伴有皮炎。共济失调，即"鹅步"，也是其典型特征。

预防措施：按照饲养标准合理配合饲料，保证饲料营养均衡、全面、质量过关。

治疗：在饲料中添加相关的营养物质，并根据具体情况采取相应措施，同时进行对症治疗。

（5）生物素缺乏性皮肤病

缺乏生物素的主要症状有：皮肤发炎、干燥、粗糙，有鳞屑，结痂、褐色渗邮物，全身脱毛、溃疡。蹄部病变表现为足底青肿，糜烂溃疡，蹄壳开裂等。

预防措施：要严格遵循标准来搭配饲料，确保营养吸收的均衡、全面、质量都过关。

治疗：饲料中药适当地添加所需的营养物质，并根据具体情况采取相应措施，当然应该对症治疗。

3.寄生虫性皮肤病

常见的寄生虫性皮肤病疥螨病。在猪皮肤病中疥螨病为最常见的一种，很少有猪场不受猪疥螨的侵扰。易感染这种疾病的猪群一般为营养不良、饲养不善以及卫生条件差。严重的疥螨病不但影响增重率及料肉比，而且可造成猪只应激。猪疥癣通常先在头部发现，眼圈、颊及耳部是经常侵袭的部位，以后逐渐蔓延至背部、躯干两侧及后肢内侧。瘙痒是疥螨病重要的、常见的临床症状，患畜局部发痒，常在圈舍内、栏柱或相互摩擦，并常摩擦出血，之后可见渗出液结成的痂皮，后期患畜皮肤出现皱褶或龟裂、表皮过度角化、患部被毛脱落。猪场内当发现一大群猪有搔痒现象时，常是疥螨感染的征兆。预防措施：搞好猪舍卫生工作，保持清洁、干燥、通风，在冬季，猪舍的草垫要勤换；用杀螨药物对病猪的猪舍、用具要进行彻底的消毒，未经消毒，坚决不能带入猪舍；对于怀孕的母猪应做好产床螨病的处理，避免感染哺乳期的仔猪；治疗后的病猪应安置到已消毒的猪舍内饲养；对新引进的猪，应隔离观察，经鉴定无病后，才可合群饲养。

治疗：对疥癣病的控制首先应从种群开始，所以对猪群应逐头检查，发现患病及带螨者，均应积极治疗，在治疗过程中，因一般的药物均不能杀死螨卵，所以间隔一周后必须重复用药。为了使药物能充分接触虫体，最好用肥皂水或来苏儿水彻底洗刷患部，在清除硬痂和污物后再搽药。常用以下方法进行治疗：a、将敌百虫粉剂溶于温水中，配成2%浓度，喷洒猪体或洗擦患部，间隔10~14日再用一次，效果更好，敌百虫水溶液宜现用现配，怀孕母猪禁用，以防流产。b、害获灭（伊维菌素）按每kg体重0.3mg剂量一次皮下或肌肉注射，效果极佳。

4.病毒性皮肤病

常见的病毒性皮肤病有猪痘。猪痘是一种典型的痘病毒感染，本病是由猪痘病毒引起的一种急性发热接触性传染病，主要发生于青年猪。病猪体温升高，精神和食欲不振，鼻黏膜和眼结膜潮红、肿胀、黏性分泌物。在鼻镜、眼皮、下腹、股内侧等皮肤上，发现很多红斑，在红斑中间再发生丘疹，2~3天后则变为水泡，然后变成脓包，其病灶表面像"脐状"突出于皮肤表面，最后变成棕黄色结痂，这种有规律的病变是本病特征症状。其发病率可达 30 ~ 50% 以上，少数严重病猪可发挥血型、融合型痘，在口、咽喉、气管黏膜上有病灶，或发生腹泻、全身感染，败血症而死，死亡率1%~3%。大多数患畜在三周后恢复。在临床须与疥螨相区别，无并发性皮肤病的猪痘不会发痒。

预防措施：控制猪痘的最佳方法是：首先，对猪群进行猪痘疫苗接种；其次，搞好饲养管理、环境卫生工作，消灭猪血虱，杀灭蚊蝇。

治疗：猪痘无特效疗法，治疗目的在于防止细菌继发感染。患部可选用1%龙胆紫溶液、5%碘甘油、5%碘酊涂抹，有些病例并要配合抗生素等抗微生物药，以及对症治疗。

5. 细菌性皮肤病

（1）口腔坏死杆菌病

该病是因仔猪皮肤受伤而继发感染坏死梭状杆菌引起，一般的症状为两侧的脸颊或者是口腔发生溃疡。其主要是由于管理人员没有经过正确的断齿，在仔猪吮乳时，由于发生争斗导致受伤因而被感染，还有是因为一窝的产仔数过多，就会导致比较弱小的仔猪面部坏死。

预防措施：在仔猪出生后24小时内，要及时地把仔猪的犬齿、侧切齿，一般指高出牙床的。要进行严格的消毒对断牙器械。对于大窝的仔猪分散饲养，主要是避免互相之间抢争乳头。同时注意产房卫生和防止母猪射乳缓慢等疾病。

治疗：先将痂皮刮除，以 3% 过氧化氢溶液或 0.1% 高锰酸钾溶液冲洗，再涂上抗生素药膏。严重的病例，应同时注射抗生素。

（2）猪油皮病（渗出性皮炎）

猪油皮病常发生于1-4周龄猪只，由葡萄球菌引起。该病常通过打架咬伤、粗糙地面摩擦及患疥螨发痒抓伤等伤口感染而引起。其发病率可达90%，死亡率为5%左右。主要症状为逐渐形成厚膜、皮肤变得黏湿及呈油脂状，随后形成龟裂硬层，皮毛粗硬，四肢蹄上有创伤。

预防措施：加强饲养管理工作，搞好卫生，尤其是产房和仔猪舍卫生。增加日粮中锌和B族维生素（尤其是生物素）的含量。加强对仔猪的管护工作，防止相互争斗咬伤。打耳号的器具应干净、剪除犬齿应合理，地面粗糙适度，分娩栏应干净、卫生。

治疗：本病治疗效果不一，发病早期，以针剂抗生素治疗可收良效，感染的部分可采用局部皮肤防腐剂如碘仿冲洗，大量发生时用阿莫西林、土霉素或 TMP 增效磺胺群体拌料或饮水给药治疗。

第三节 禽类主要传染病诊断

在对家禽疫病进行防治的过程中,主要是药物治疗。从现阶段家禽疾病的防治情况来看,大部分的兽医对药物的使用情况并不是很了解,对家禽疫病的治疗不能科学用药,一定程度上阻碍了家禽疫病的治疗效果,严重情况还会引起家禽出现中毒的现象,给家禽养殖场带来较大的经济损失。

一、新城疫的诊断与治疗

新城疫(Newcastledisease,ND)俗称鸡瘟,其致病原为新城疫病毒(Newcastledisea-sevirus,NDV),鸡、鸭、鹅、鸽子、鹌鹑、火鸡等禽类均易感,其中以鸡最易感。带毒鸡及病鸡是本病的主要传染源,感染鸡的口和鼻分泌物和排泄物中都可散播病毒,健康鸡可经呼吸道和消化道感染,该病传播速度快,病死率高,一直以来都是危害我国养禽业的主要疫病之一,也是养殖单位重点防范的主要烈性传染病之一。

但近年来,随着我国新城疫免疫工作的全面推进,典型新城疫得到有效控制,但非典型性新城疫的发生与流行日益增多。针对我国当前新城疫流行出现的新特点,就当前如何进行新城疫的诊断与防治进行阐述,以期为我国基层兽医工作者诊断与防治新城疫提供借鉴。

1. 病原学与流行病学简述

新城疫病毒在分类上属于副黏病毒科、副黏病毒亚科、腮腺炎病毒属,病毒基因组全长约1.5kb,为有囊膜的、单股、负链RNA病毒。其对外界环境的抵抗力较强,养殖场发生新城疫8周后仍可在鸡舍中分离到病毒,但其对去污剂较敏感,常规去污剂即可快速灭活病毒。典型新城疫的发生无明显季节性,一年四季均能发生,但以春季和秋季的发生率较高,传染源主要为病鸡,经消化道、呼吸道传播,也可经眼结膜、泄殖腔黏膜及破损皮肤侵入,鸟类也是新城疫病毒的重要传播者。非典型性新城疫常发生在新城疫疫苗免疫后抗体水平参差不齐或疫苗免疫不确切的鸡场,其发病率和死亡率均远远低于典型新城疫。

2. 诊断技术

(1)临床诊断解

剖病死鸡,典型新城疫可见全身性败血症状,以消化道和呼吸道的病变特征最明显,腺胃乳头溃疡、坏死,小肠、盲肠出血,盲肠扁桃体出血和坏死,鼻腔、喉、气管出血,产蛋鸡输卵管出血、充血,肾充血、水肿,输尿管有尿酸盐沉积。非典型性新城疫的病理主要在肠道，表现为十二指肠和小肠黏膜出血、溃疡，表现有纤维素性膜覆盖。

（2）实验室诊断

由于新城疫引起的临床特征与禽流感等疫病的临床特征十分相似，故对于新城疫的确诊还需要依靠实验室诊断方法。当前新城疫病毒的实验室诊断方法主要有病毒分离鉴定、分子生物学和血清学检测方法。由于新城疫病毒可在鸡胚中迅速增值，故病毒分离鉴定是将临床病料处理后接种10日龄SPF鸡胚，收获的鸡胚尿囊液可通过血凝和血凝抑制试验进行鉴定。分子生物学方法主要有PCR、荧光定量PCR、LAMP等，由于分子生物学方法针对病毒的核酸进行特异性扩增，故其特异性和敏感性均较高，是当前临床病例诊断和流行病学调查主要使用的方法。血清学方法主要有ELISA、HI、胶体金试纸条等，由于血清学方法无法区分野毒感染抗体和疫苗免疫抗体，故其一般不用于临床病例诊断，常用于疫苗免疫后的抗体水平监测。

3. 防治措施

（1）预防措施

新城疫的预防是一个综合性工程，饲养管理、消毒、免疫、监测等几个环节相互配合，缺一不可。加强日常饲养管理，减少应激刺激，保持饲料营养均衡，对提高鸡群抗病力和免疫力至关重要。严格实施消毒制度，迅速消灭潜在的致病源，杜绝强毒入侵。在充分考虑母源抗体水平、鸡群抗病力、疫苗最佳剂量、疫苗接种途径、疫苗效力等方面建立适合于自身的免疫程序，确保疫苗免疫效果。定期对鸡群进行免疫抗体监测，根据抗体检测结果随时调整免疫程序，确保鸡群始终具有较高、较整齐的抗体水平。

（2）治疗措施

鸡场一旦发生新城疫，一定要结合临床特征和实验室诊断方法快速确诊，为采取有效治疗措施争取时间。对病鸡进行扑杀和无害化处理。对鸡场进行封锁、消毒。对假定的健康鸡群可紧急接种新城疫高免血清或高免卵黄抗体，同时饲喂维生素、电解多维及氟苯尼考等抗菌药物，以便提高鸡群抗病力和控制继发感染，该方法对发病初期的鸡场治疗效果较好。也可使用干扰素进行治疗，干扰素进入鸡体内几分钟即可使机体抑制病毒蛋白的合成，实现抗病毒作用。在高免血清或抗体接种7d后需接种免疫新城疫疫苗，可采用鸡新城疫Ⅳ系疫苗或克隆-30以点眼、滴鼻的方式进行免疫接种。

新城疫一旦发生，其对鸡群造成的危害和经济损失是巨大的，且新城疫病毒一旦在养殖环境中存在将很难根除，故对新城疫的防治应采取防重于治的原则，加强日常饲养管理、疫苗免疫和抗体监测工作，逐步根除新城疫在我国的流行。

二、禽流感的诊断与治疗

禽流感，通常是由于A型流感病毒所引起的，伴有急性以及接触性感染症状。此病具有较强的传染性，死亡率相对较高。此病还会对人造成感染，发病范围相对较大，且具有极高的传染性，病情严重时会造成群体性死亡现象。

（一）临床诊断

（1）流行病学诊断

现在很多种禽类都能被禽流感病毒自然感染，相比较说，火鸡最易被感染，其它禽类呈隐性感染。很多鸡群都可感染发病，特别产蛋鸡群最易发病，历史上的很多次禽流感爆发流行，都是由产蛋鸡首先开始发病引起的。此病一年四季都可发生，但多数爆发于冬、春季节，特别是秋冬交界、冬春交界气候温差变化大的时候。一般都是通过容易感染禽类与被感染禽类中间直接接触或者和病毒污染的物体间接性接触传播。高致病性禽流感发病时间短，传播速度非常快，发病率和死亡率都非常高，发病率可达到100%，死亡率特高，有时可全军覆没；低致病性的禽流感不但潜伏时间较长，而且传播速度很慢，病程长，虽然发病率很高但是死亡率极低，发病率有的可达100%，但大多数在80%以下，如果没有其它感染，死亡率很低。通常并发或继发感染其它别的传染病，例如肠炎、鸡瘟、沙门氏菌、传支、支原体等；发病康复后的鸡群还易复发感染。

（2）临床症状诊断

一般急性的禽流感，鸡群发病后会立即发现死亡，病鸡精神不振，吃食量快速减少或停止进食，下黄绿色粪便，张口呼吸，气喘；鸡冠、眼睑、等能发现紫黑色坏死点状斑；腿部可见紫黑色出血。产蛋鸡会发现产蛋率快速下降，严重的可能出现停产现象；不光产蛋减少，还会出现沙皮蛋、褪色蛋、薄壳蛋、畸形蛋等。死亡率不一，大多死亡都在1/2以上，有的会出现全部死亡。平和型禽流感，发病鸡群进食量大大减少，鸡群大量饮水，饮水时会不断从口角流出粘液；精神不振，羽毛脏乱，头垂下，缩脖子。各种分泌物增多，经常流鼻涕，鼻窦肿胀；眼结膜发红；头部肿大，鸡冠呈现紫黑色，发硬，手摸能感觉热感；腿上能看见紫色出血斑块；鸡群发病后就可以看到呼吸道症状。呼吸道症状的表现情况程度不等，一些出现为湿咳，呼吸呼噜呼噜，有的呼吸困难，张口喘气，有时能听到尖叫声；有的呼吸道病情较轻，只有夜里安静时才能听到；发病鸡拉痢，拉稀水样粪便，经常会附带未完全消化的饲料，有的拉绿中带黄稀粪；产蛋率下降与感染毒株的毒力大小、以及曾经用过禽流感疫苗都有一定关系，有的鸡群发病后几天之内产蛋率会迅速下降，有的可能绝产，一般都会下降到1/2以下。一般情况，首先发病的鸡群产蛋率下降最快，后来发病的鸡群产蛋率下降相对比较会慢点，注射过禽流感疫苗的鸡群产蛋率下降都比较小。一般一星期左右就会下降到最低点，在最低点10d左右后会开始逐渐回升，产蛋回升的快慢与感染毒株毒力大小、饲养管理好坏、还有是否用过药有关，饲养管理情况好的，产蛋率当然恢复也快，有时增加使用一些促蛋药物，也能起到一定的效果。产蛋恢复时间大都在1~2个月左右，产蛋恢复期间，会出现异常的蛋增多；慢性型禽流感发病时，病情逐步扩散，首先发病的鸡群已经康复，后来未发病的鸡群才慢慢发病，病鸡有时只表现为轻微的呼吸道障碍，采食量和产蛋率下降也不是很多，异常蛋出现很少，退色蛋，沙壳蛋会出现很多；隐性禽流感在临床上没有任何明显症状，此情况只能从血清中检出禽流感抗体。

（3）病理变化

急性流感死亡鸡体状况一般都良好，亚急性型病例，病死的鸡大都脱水严重，皮肤出现干燥。口腔有大量粘液，倒提时会流出及其酸臭的液体，鼻腔内有也大量粘液，鸡冠会发紫，肛门向外突出。有的鸡鸡冠肿大，有的鸡头发生肿大。发病刚开始，气管内能发现充血、出血，其中还有大量的粘性分泌物。口腔内出现粘液，嗉囊内可见大量酸臭的液体；腺胃肿大，腺胃乳头有出血点，伴有脓性分泌物，与其它胃交界处可见带状出血；肌内膜很容易被剥离，肌层可见出血。肠部粘膜能看到片状或条状出血；盲肠扁桃体发生肿胀出血；泄殖腔也能看到出血症状。发病初期，卵泡会见充血出血，长时间呈紫黑色，有的会发生卵泡变形、严重时破裂，卵黄液流入腹腔，极易造成卵黄性腹膜炎；输孵管发生水肿，出现有病变的分泌物；发病期间卵泡和输卵管会出现萎缩；产蛋恢复期间，卵泡逐渐开始发育，卵泡发育的大小不等，数量极少，输卵管也慢慢开始发育，经过一段时间才能逐渐恢复正常。公鸡能发现睾丸出血肿大。

2. 鉴别诊断

禽流感的有些临床症状和病理变化和禽类的其它的一些疾病发生的临床症状和病理变化极其相似，有时临床诊断时很难区分开来，所以在日常工作中应仔细判断与其鉴别。

（1）新城疫

新城疫这种病全年都可以发生流行，而禽流感主要发生于寒冷的季节和气候温差变化较大时间段里；新城疫无论年龄大小鸡都可能发生，并且年轻的鸡的发病率和死亡率都高于成年鸡，而禽流感则主要发生于产蛋期的鸡群，青年鸡却很少发生，可以说每次大流行没有一次不是从产蛋鸡群开始的；新城疫不出现肿头，冠和肉髯没有紫黑色出血斑，腿部也没有发生出血，皮下更没有无胶冻样浸润，可是禽流感的上述病变特别明显；新城疫病鸡的肠道内大多出现溃疡灶，而禽流感病鸡的肠道一般都是发生片状出血；新城疫发病鸡可见明显输卵管有脓性分泌物等比较严重的病变，而且还伴有典型的神经症状，禽流感却没有；一般新城疫发病后，利用新城疫弱毒疫苗紧急接种免疫后，病情能迅速得到缓解，而禽流感接种此疫苗后，不但没有效果，并且还会使病情更加严重。

（2）传染性支气管炎

发生传染性支气管炎的病鸡会发生一些较轻呼吸道症状，一般不明显，而发生禽流感病的病鸡呼吸道症状相对比较严重，并且禽流感还有典型的消化道症状以及肿头、鸡冠发紫，有出血斑块等其它症状和病变，可是传染性支气管炎没有这些症状和病理变化；禽流感病鸡和传支病鸡都会发生产蛋下降、畸形蛋、褪色蛋，沙皮蛋等症状及肠道病理变化，但是发生传支的病鸡小型蛋较多，而发生禽流感的鸡软皮蛋较多，还有禽流感病鸡的肠道病变比较严重、特殊。

（3）传染性喉气管炎

有些鸡发生禽流感后不但呼吸困难，而且喉头、气管处发生充血出血、严重时形成血块或干酪样物堵塞喉头，这些症状和传染性喉气管炎症状差不多，但传染性喉气管炎不会出现（肿头、鸡冠发紫、腿上鳞片出血、皮下有胶冻样浸润）等其它症状和病理变化；传染性喉气管炎的病鸡虽然产蛋也下降，但是下降率小，不明显，产蛋率上升也快，用传染性喉气管炎疫苗免疫接种后，病鸡很快都能恢复正常。

（4）减蛋综合症

禽流感发病刚开始的时候产蛋率下降，出现软皮蛋这些症状和减蛋综合症症状有非常相似之处，但是减蛋综合症只是发生产蛋率下降，其它症状几乎没有。禽流感病鸡不光呼吸道和消化道有病变症状，而且还出现（肿头、鸡冠发紫、腿上有出血斑，皮下有胶冻样浸润）等综合性症状和病理变化；减蛋综合症一般只发生在产蛋高峰期间，可是禽流感却不同，各种日龄的产蛋鸡群都能发生；并且发生禽流感的鸡群产蛋率恢复都比较慢，发生减蛋综合症的鸡群产蛋率相对来说恢复比较迅速。

3. 综合防治

关于禽流感这种病，尤其是高致病性禽流感，现在还没有特效治疗手段和措施。因为禽流感这种病不光血清型多，而且毒力相差也是很大，又特别容易发生变异，国际上一直到现在也没有生产出特效的禽流感疫苗。我国防疫法规定一旦发生禽流感疑是疫情都应迅速做出诊断，并且立即进行上报。在一定范围内划定疫区，实行严密封锁措施，并且捕杀所有被感染的禽类，防止疫情扩散。而对于规模化的养禽场，要实行严格隔离，定期进行防疫，定期进行消毒等措施是现在预防禽类流感最有效办法。

因为禽流感是一种全球性传播的疾病，它不光在畜禽之间传播，而且还威胁到人类的生命安全，所以对禽流感的控制必须采取最广泛的国际合作。我们不仅要在检疫方法和防治措施上和国际上取得共识，还应该和有关国家相互协调，资源共享，加强学术交流研究，不断探索最行之有效的诊断和防治禽流感的方法，从而最终达到能控制禽流感的发生，以确保人民的生命安全和养殖业的持续健康发展。

三、传染性法氏囊病的诊断与治疗

家禽传染性法氏囊病，主要的传染病原为法氏囊病毒，该病毒能侵害家禽的器官，使其免疫功能下降，引发感染其他类型的疾病，最终出现死亡现象。

1. 流行特点

该病的主要感染群体是鸡和火鸡，鸭、珍珠鸡、鸵鸟等也可感染。火鸡感染后一般都是呈现隐性感染的状态。通常在自然条件下，该病最易感的群体是3～6周龄鸡群，发病率可以超过90%，严重时会达到100%，死亡率一般在20%～30%。如果有其他病原发生混合感染的情况，会导致病鸡死亡率达到60%～80%。该病在鸡群中的流行不会表现出明显的季节性，鸡群通常是突然发病，死亡曲线呈现出尖峰式，如果病鸡没有死亡，大多会在7天左右康复。传染性法氏囊病的感染途径主要通过消化道、眼结膜和呼吸道感染，通常鸡群感染后的3～11天达到排毒的高峰期。

2. 临床症状

鸡传染性法氏囊病一般会有7天的潜伏期。鸡感染后呈现昏睡且呆立的状态，病鸡的翅膀下垂，排出水样稀便，通常呈白色，泄殖腔周围羽毛一般都会被粪便所污染。

3. 疫情处理

（1）发现疫情

饲养场疑似暴发传染性法氏囊病疫情时，饲养者要第一时间对病鸡（场）采取隔离处理，并且要限制鸡群的移动，饲养地区的防疫监督机构应该及时对报答疫情的现场开展相应的调查与核实。生产中主要就是通过采取流行病学和临床症状检查、病理剖检、病料采集以及相应的实验室诊断措施以给出准确的诊断结果，并且采取相应有效的处理措施。

（2）疫情散发

如果鸡群感染法氏囊病的疫情呈现散发的情况，就必须针对发病的鸡群采取扑杀和无害化的处理方式，同时还需要针对鸡舍及其周围环境开展相应合理的消毒处理，受到疫情威胁的鸡群应该进行必要的隔离和监测手段。

（3）疫情暴发

一旦饲养区域暴发传染性法氏囊病，应该根据上级相关部分的规定划定疫点、疫区和受威胁区。在疫点的出入口处必须设置相应的消毒设施，严格禁止人员、鸡群以及车辆的进出，还包括鸡类产品与可能被污染物品随意的运出，如果有特殊情况必须进出疫点，应该获得上级主管部门的批准，并且进行严格的消毒处理之后才能够允许进出。在疫区的交通要道处建立动物防疫监督检查站，供临时检查用，并且应该派专门的工作人员时刻监视鸡群和鸡类产品的流动，进出疫区的工作人员和车辆也都必须采取相应的消毒处理。所有的病死鸡和被扑杀的鸡及其产品都应该进行无害化处理，而鸡群的排泄物以及可能被污染的垫料、饲料等同样都需要采取无害化的处理方式。在运送病死鸡尸体时应该使用防漏容器并且带有明显的标志，在相关机构的监督下进行。

（4）紧急免疫

疫区和受威胁区域中的全部易感鸡类都必须采取紧急免疫接种操作。疫点内的鸡舍、饲养场地以及全部饲养用具和机械等都要进行严格彻底的消毒措施。疫区和受威胁区域内的鸡群要实施紧急疫情监测，便于掌握疫情的实际动态。

4. 防控措施

（1）加强饲养管理

保证饲养场、生产地和经营等场所都必须符合相关条例的要求，并获得相应的防疫合格证。养鸡场应该始终执行全进全出的饲养方式，并且对于饲养人员的出入情况加以合理的控制，实际生产中要严格的针对养鸡场进行彻底的清洁和消毒处理。禁止随意的进行引种操作，否则容易将外界的病毒带入鸡场，而引发场内鸡群患病。一旦流行传染性法氏囊病，应该及时的针对病鸡进行有效的处理，并且开展大范围的消毒处理，通常可以选择聚维酮碘进行喷洒消毒。在鸡舍有下批鸡进入之前，对鸡舍采取烟熏消毒，在鸡舍门前设置相应的消毒池，通常选择复合酚作为消毒溶液，通常需要2~3周换1次药物，此外还可以采用癸甲溴铵作为消毒液，通常需要7天换1次。

（2）加强防疫检疫

鸡饲养场应该做好日常的防疫工作，并且根据实际生产情况建立相应的卫生管理制度，在生产中严格的执行。了解鸡群饲养地区的疾病流行史、母源抗体水平、鸡群的免疫抗体水平监测结果等条件，从而制定合理的免疫程序，针对具体的免疫时间和鸡群免疫疫苗的种类加以确定，严格按照疫苗说明书给鸡群进行相应的免疫操作。以散养方式饲养的养鸡场应该及时对流通环节中的交易数据和真实结果进行汇总，并且进行不定期的监测，在监测过程中如果发现阳性病鸡应及时按照相关的规定进行严格的处理。如果从异地引入种鸡或者种蛋时，必须取得原产地相关监督部门出具的检疫合格证明。在鸡群到达引入地区后，应对种鸡群采取7天以上的隔离饲养，同样需要相关防疫机构在检测合格后出具合格证，之后才可以和场内原有的鸡群进行混群饲养。

第十章 畜禽生殖系统疾病诊断

第一节 怀孕期疾病诊断

在家畜的饲养管理中，防治孕期疾病的极为关键，良好的管理是实行增产增收的保障，介绍常见的几种孕期疾病的预防与治疗。

一、流产

流产是指胚胎或胎儿母体的正常关系被破坏，而使妊娠中断，胚胎在子宫内被吸收。或排出死亡的胎儿。分传染性流产和非传染性流产。

1. 病因

（1）饲养管理不当

由于饲料品质不良。缺乏某些营养物质，以及饲养管理失误．贪食过多．过劳等引起。

（2）损伤

机械性损伤引起子宫收缩。如冲撞、拥护、蹴踢,剧烈的运动、闪伤以及粗暴的直肠检查。阴道检查等。

（3）习惯性流产

主要由于子宫内膜的病变及子宫发育不全等引起。

（4）用药不当．母畜在怀孕时大量服用泻剂、利尿剂、驱虫剂和误服子宫收缩药物，催情药和妊娠禁忌的其它药物。

（5）继发于某些疾病，如子宫阴道疾病、胃肠炎、疝痛病、热性病及胎儿发育异常。

2. 症状

（1）隐性流产

即胚胎在子宫内被吸收，无临床症状，只是配种后，经检查已怀孕．但过一段时间后又再次发情，从阴门中流出较多的分泌物。

（2）早产

有和正常分娩类似的前征和过程，排出不足月的胎儿。一般在流产前第2～3天．乳房肿胀，阴唇肿胀，乳房可挤出清亮的液体。腹痛，努责，从阴门流出分泌物或血液。

（3）小产

排出死亡的胎儿是最常见的一种流产。

（4）延期流产，也称死胎停滞。胎儿死亡后长久不排出。死胎在子宫内变成干尸或软组织液化。早期不易被发现。但母畜怀孕现象不见进展，而逐渐消退。不发情。有时从子宫内排出污秽不沽的恶臭液体．并含有胎儿组织碎片骨片。

3. 诊断

（1）母畜配种后以确认怀孕。但经过一段时间再次发情。

（2）腹痛、拱腰、努责、从阴门流出分泌物或血液。进而排出死胎或不足月的胎儿。

（3）怀孕后一段时间腹同不再增大而逐渐变小，有时从阴门排出污秽恶臭的液体并含有胎儿组织碎片。

4. 治疗

保胎，安胎：可肌肉注射黄体酮。促使胎儿排出．可用己稀雌酚和催产素配合应用。对延期流产：开张子宫颈口，排出胎儿及骨骼碎片，冲洗子宫并投入抗菌消炎药。必要时进行全身疗法。

5. 预防

主要在于加强饲养管理，防止意外伤害及合理使役。怀孕后饲喂品质良好及富含维生素的饲料。发现有流产预兆时，应及时采取保胎措施。

二、妊娠浮肿

怀孕末期母畜腹下、四肢和会阴等处发生的非炎性水肿。本病多发生于分娩前1个月内，分娩前10d最为明显。分娩后两周左右自行消散。

1. 病因

怀孕末期腹内压增高，乳房胀大，孕畜运动量少，因而使腹下、乳房、后肢的静脉血流滞缓，引起淤血及毛细血管壁的渗透压增高而发病。另外，饲料中的蛋白供应不足，孕畜血浆蛋白浓度降低而发病。

2. 症状

浮肿常从腹下及乳房开始，有时蔓延到前胸，后肢及阴门。肿胀呈扁平。左右对称，触诊无痛，皮温低，指压留痕。

3. 治疗

以改善饲料管理为主，给予蛋白丰富的饲料。限制饮水。减少多汁饲料及食盐.轻者不必治疗。严重者可用强心利尿剂，水肿康（20％安钠咖注射液10mL5％氯化钙注射液200mL，10％水杨酸钠注射液100mL）一起静脉注射，每日一次。连用2~3次。重症者可用10％葡萄糖1500mL。10％葡萄糖酸钙500ral.水解蛋白500mL，10％安钠咖注射液10mL。一次静脉注射。每日一次. 连用数次。

三、产前截瘫

主要是妊娠后期母畜不能站立的一种疾病。一般无其它临床症状，多发生在产前1个月左右。

1. 病因

钙磷与维生素不足是主要原因，此外孕畜缺乏运动，妊娠后期后躯负重增加，母畜过度瘦弱。年老等也是本病的诱因。

2. 症状

瘫痪主要发生在后肢。站立时后肢无力。时常交替负重，行走时谨慎，而且后躯摇摆。步态不稳，因而长期卧地。病后期则不能站立。

3. 诊断要点

后肢瘫痪的局部不表现任何病理变化.痛觉检查反射正常。

4. 治疗

加强饲养管理，给予富含钙磷及维生素饲料。并加强运动，对不能站立的病畜。应多铺垫草，经常翻身，以防发生褥疮。

应用钙制剂，静脉注射10％葡萄糖酸钙溶液：牛250～500mL；猪50~100mL；或静脉注射10％。

氯化钙注射液：牛100～200ml，猪20~30ral。

三、奶牛怀孕期疾病的综合防治措施

1. 奶牛流产

流产是由于胎儿或者母体的生理过程发生扰乱，或它们之间的正常关系受到破坏，而使怀孕中断。近年来，牛群的流产率在呈逐渐上升趋势，这可能与奶牛体质下降有关。笔者从预防奶牛流产的角度出发对奶牛流产问题进行了简要的分析。

（1）病因

引起牛流产的原因很多,大致可分舟传染性的(参见牛的传染病)和非传染性的两大类。

非传染性流产的原因主要有以下几点：

1）胎儿及胎膜异常包括胎儿畸形或胎儿器官发育异常，胎膜水肿，羊水过多或过少，胎盘炎，胎盘畸形或发育不全，以及脐带水肿等。

2）母牛的疾病包括严重的肝、肾、心、肺、胃肠和神经系统疾病，大失血或贫血，生殖器官疾病或异常等。

3）饲养管理不当包括母牛长期营养不足而过度瘦弱，饲料单纯而缺乏某些维生素和无机盐，饲料腐败或霉败；大量饮用冷水，饲喂不定时或母牛贪食过多等。

4）机械性损伤包括剧烈的跳跃，跌倒，冲撞，挤压以及粗暴的直肠或阴道检查等。

5）药物使用不当使用大量的泻剂、利尿剂、麻醉剂和其他可引起子宫收缩的药品等。

6）有的母牛妊娠至一定时期就发生流产这种习惯性流产多半是由于子宫内膜变性、硬结及瘢痕，子宫发育不全，近亲繁殖或卵巢机能障碍所引起。

（2）症状

流产发生突然，流产前一般没有特殊的症状，或有的在流产前几天有精神倦怠，阵痛起卧，阴门流出羊水，努责等症状。如果胎儿受损伤发生在怀孕初期，可能为隐性流产，不排出体外；如果发生在后期，因受损伤程度不同，胎儿多在受损伤后数小时至数天排出。

（3）防治

预防流产，减少流产带来的损失，建立合理的牛群健康管理模式是很重要的。主要从以下几方面入手：首先，应该注意奶牛营养的平衡，根据奶牛营养需要，保证奶牛在维生素、矿物质、微量元素摄入的平衡。其次，加强牧场环境的卫生监督和定期消毒、疾病预防工作。外来参观者进厂前需严格消毒。有条件的牧场采用被证实安全性好的疫苗进行预防。第三，重视牧场系统性管理，减少奶牛的应激。建立科学的管理制度，尽可能获取发生流产奶牛的资料，越全面越好。任何群发性流产都是从单一牛开始的，正确地分析就可以防止流产的暴发，尽可能的减少损失在调查流产问题时记录内容包括饲喂时间、产量信息和健康问题（例如疾病治疗情况、疫苗注射情况）、牛群定量配给、发料的变化、人员变动等，根据这些信息，兽医可以掌握牧场奶牛流产疾病的整体变化，并能及时采取相应的措施。

加强对怀孕母牛的饲养管理，注意预防本病的发生。如有流产发生，应详细调查，分析病因和饲养管理情况，疑为传染病时应取羊水、胎膜及流产胎儿的胃内容物进行检验，深埋流产物，消毒污染场所。对胎衣不下及有其他产后疾病的，应及时治疗。为防止习惯性流产，可在发生流产前的一个月开始注射黄体酮50～100mg。

2. 奶牛妊娠浮肿

奶牛妊娠浮肿是指怀孕末期母畜腹下、四肢、会阴等处发生的非炎性水肿。如水肿面积小，症状轻，一般在分娩后两周左右自行消散。严重的水肿会影响后肢关节的活动，若水肿部损伤或感染，易发展成蜂窝织炎，甚至引起组织坏死。

(1) 病因

1) 母体血液循环障碍导致水肿。怀孕末期胎儿生长迅速，子宫体积也迅速增大，使腹内压增高，乳房胀大，孕畜运动量减少，因而使腹下、乳房、后肢的静脉血流缓慢，引起瘀血及毛细血管壁的通透性增高，使体液滞留于组织间隙而导致水肿。

2) 血浆胶体渗透压降低导致水肿。怀孕末期母畜的血流总量增高，使血浆蛋白浓度降低，再若饲料中蛋白质供应不足，使血浆蛋白胶体渗透压降低，导致组织水肿。

3) 心、肾机能不全或变弱，使静脉血瘀滞，亦可导致水肿。

4) 中兽医认为，胎气皆因妊娠太重，外感内伤，伤劳太甚，清气不升，浊气不降，清浊不分，以致胎胞中气不通，日久胎气流行经络，而成病也。

(2) 症状

浮肿常从腹下及乳房开始，有时可蔓延至前胸、阴门，甚至波及到后肢的跗关节及系关节等处。肿胀呈扁平状，左右对称，皮温低，触之如面团，指压有痕，被毛稀少部位的皮肤紧张而有光泽。

(3) 防治

1) 改善饲养管理，限制饮水，减少精饲料和多汁饲料喂量，给予母牛丰富的、体积小的饲料，按摩或热敷患部，加强局部血液循环。

2) 促进水肿消散，可强心利尿：用50%葡萄糖500mL、5%氯化钙200mL、40%乌洛托品60mL混合静脉注射；20%安那咖20mL皮下注射，以上药物每天1次，连用5d。

3) 中药以补肾、理气、养血、安胎为原则，肿势缓者，可内服加味四物汤或当归散，肿势急者，可内服白术散。

四物加味汤：熟地45g、白芍若干、川芎25g、枳实20g、青皮25g、红花10g共为细末，开水冲调，候温内服。

3. 奶牛产期截瘫

(1) 病因

奶牛产期截瘫的主要原因是分娩时由于胎儿过大、胎势不正及产道狭窄引起的助产时间过长，未经矫正就强力将胎儿往外拉，使坐骨神经及闭孔神经受到胎儿体躯与粗大的前肢、肩胛长时间压迫和挫伤引起麻痹、髂关节脱位及骨盆围肌肉损伤，最终导致瘫痪。

(2) 症状

母牛体温稍微偏高，呼吸和心率偏快，胃蠕动与肠蠕动消失，反刍停止、食欲废绝，针刺臀部无反应，分娩努责症状消失，阴唇严重水肿，伤口外渗液严重并有感染，瘤胃稍有胀气，顺着产道只能查到犊牛的头和前肢，胎儿舌头有动感。

(3) 治疗

1) 用1%白矾温水清洗阴唇周围，碘伏消毒后再用三棱针刺阴唇放出组织液。用助产钳卡住胎儿上额、用助产绳系住外伸前肢,再用圆头助产钗卡住前肩慢慢向内推动,先使胎儿另一前肢伸出,系住该前肢后并用助产钳和助产绳慢慢拉出胎儿,同时用助产锤冲击髋关节韧带,促使产道松弛便于引出胎儿。

2)取出胎儿后严格消毒缝合产道内伤,在子宫内放入复方盐酸土霉素20g,灌服落衣散1000g,肌注血见愁三联50mL、参麦100mL。

3)用倒链系住髋关节脱落的后蹄适当向后拉、内外翻转直到复位为止。皮下注射士的宁30mL,用的红外线灯照射脱位部、产道外围后海穴等并涂抹适当樟脑酒精。

4)静脉注射50%葡萄糖500mL,10%氯化钠500mL,5%碳酸氢钠500mL,40%乌洛托品100mL,10%维生素C100mL,10%安溴100mL,10%安钠咖30mL,复方双黄莲100mL,头孢王牌15g,连用3d。

第二节 分娩期疾病诊断

一、阵缩及努责微弱

母畜分娩时子宫肌及腹肌收缩力弱和时间短,以致不能产出胎儿时,叫做阵缩及努责微弱。此病主要发生于牛、猪,也见于马、羊。

1. 病因

原发性的多由于母畜年老体弱、饲料不足或品质不良、缺乏运动或使役过重等所引起。此外,子宫疝、胎水过多、双胎和多胎妊娠及子宫发育不全等,由于母畜子宫紧张性降低,也可发生本病。继发性阵缩及努责微弱,多继发于难产;猪、羊等多胎动物产出一部分胎儿后,由于过度疲劳也可发生。

2. 诊断要点

原发性病例,母畜已到分娩期,并具有分娩前的表现,但阵缩及努责弱而短,分娩时间延长而产不出胎儿,有时分娩现象又很不明显。检查阴道时子宫颈完全开张,子宫颈黏液塞已完全软化,在子宫颈前即可摸到胎儿。继发性病例,是已出现正常分娩的阵缩及努责,但由于某种原因造成难产而长时间不能产出胎儿,致使母畜过度疲劳、阵缩及努责随之逐渐减弱。猪是在产出一部分胎儿后,阵缩及努责减弱或停止。通过外部及阴道检查,可确定子宫内有胎儿。

3. 预防

母畜妊娠后,应合理饲养管理,以满足母畜和胎儿发育的需要。妊娠后期要减轻使役和适当加强运动，以增强体力。

4. 助产

原发性的病例，如果子宫颈完全开张，应按助产的一般方法，缓缓地拉出胎儿。如欲促其自行产出胎儿，可用子宫收缩剂，如肌内注射垂体后叶素、麦角注射液或麦角浸膏，马、牛 8～10mL，猪、羊 1～2mL。对猪、羊还可配合腹部按摩，即由膈向骨盆方向按摩腹部。必须指出，麦角制剂只限于子宫颈完全开张，胎势、胎向及胎位正常时使用，否则易引起子宫破裂。当子宫收缩剂无效，子宫颈开张很小，无法拉出胎儿时，应施行剖腹产术。继发性的病例，如果是继发在难产过程中，即按难产的助产原则，除去原因和抽出胎儿。猪、羊和犬如因分娩过度疲劳所引起，应按原发性病例进行助产。

二、阵缩及努责过强

阵缩及努责过强是子宫及腹肌收缩时间长，间歇短而力量强。常见于马，牛较少发生。

1. 病因

应用麦角类的子宫收缩剂、乙酰胆碱分泌过多及破水过早等，可引起阵缩及努责过强。由于胎势、胎向及胎位不正，胎头过大或产道狭窄等也可引起此病。

2. 诊断要点

分娩时母畜努责强烈，有时过早排出胎水。胎儿无异常时虽可迅速被产出，但往往易发生子宫脱。在胎势、胎向及胎位不正、胎儿过大或产道狭窄时，由于阵缩及努责过强，不仅胎儿易发生窒息，甚至有时造成子宫或阴道破裂。

3. 助产

为了减弱和制止阵缩及努责，简单的方法是缓慢牵遛 15min 左右，或用指端掐其背部皮肤，可收到暂时的效果。母畜卧地时宜垫高其后躯，以减轻子宫与骨盆部的接触和对骨盆部的压迫。此时应用镇静剂可取得良好的效果，马、牛静脉注射 5% 水合氯醛 200～400mL，牛也可口服白酒 800～1000mL。阵缩和努责减弱或停止后，如果因胎儿异常或产道狭窄造成难产时，宜进行助产。

三、阴门及阴道狭窄

阴门及阴道狭窄是指在分娩中因产程、疾病等原因，引起软产道滑润及弹性不足，影响了胎儿的产出。

1. 病因多半是由于初产母畜阵缩过早，产道组织浆液浸润不足引起的阴门及阴道壁弹性不够。助产时在产道内操作时间过久，造成阴道壁高度水肿，也是阴道狭窄的原因。此外，阴门及阴道狭窄还可由于瘢痕收缩及肿瘤而引起。

2. 诊断要点

阴门狭窄：母畜分娩时阴门扩张不大，在强烈努责时，胎儿唇部和蹄尖出现在阴门处而不能通过，外阴部被顶出，但在努责的间歇外阴部又恢复原状。由于努责过强，会引起会阴破裂。阴道狭窄：母畜阵缩及努责正常，但胎儿久不露出产道。进行阴道检查时可发现狭窄的部位及其原因，并在其前部可摸到胎儿。

3. 助产

试行抽出胎儿：首先向阴门黏膜上涂布或向阴道内灌注滑润油或温肥皂水，然后应用产科绳缓慢牵拉胎头及前肢。此时助产者尽量用手扩张阴门，或在胎儿与阴道之间，用手指尽可能地扩张阴道。如果有肿瘤时，要用手将其推开。切开狭窄部：如果试拉胎儿无效时，应切开狭窄部。阴道狭窄，可切开狭窄部的阴道黏膜，抽出胎儿后，立即缝合；阴门狭窄时，可用外科剪剪开阴门上联处的会阴，胎儿即可产出，最后缝合切口，先缝合黏膜及肌层，再缝合皮肤及皮下组织。如果阴门或阴道内有较大肿瘤，妨碍胎儿产出时，须切除肿瘤，或者施行截胎术。

4. 护理

术后将母畜放在干燥、清洁、温暖的舍内，耳静脉注射 25% 葡萄糖 500mL，肌注安络血 4mL。口服补液盐水，纠正水与蛋白质失衡。

四、骨盆狭窄

母畜的软产道、分娩胎动及胎儿均正常，只因骨盆腔大小和形态异常，而妨碍胎儿产出，统称骨盆狭窄。

1. 病因

一是骨盆发育不全，多见于过早配种的母畜；另一是由于骨折或骨裂引起的骨盆变形或生有骨赘所造成的。

2. 诊断要点

母畜阵缩及努责正常，但不见胎儿排出。检查产道时，胎儿不太大，而骨盆腔狭小，或者骨盆变形及有骨赘突出于骨盆腔。

3. 助产

一般骨盆狭小的病例，宜按照胎儿过大的助产方法，试行抽出胎儿。骨盆变形或形成骨赘所造成的狭窄，抽出胎儿有困难时，应行剖腹产术。

第三节 母畜科疾病诊断

一、生产瘫痪

生产瘫痪亦称为乳热症或产后麻痹，中兽医称其为产后风。5~9岁的高产奶牛最易发，山羊及猪也可发生。

1.病因

本病的发病机理尚不十分清楚。一般认为是由于奶牛分娩后急性低钙血症而引起。健康奶牛的血钙为 2.15 ~ 2.78mmol/L。当血钙降低到 2mmol/L 以下时，就会发病，有些牛降至 0.5 ~ 1.25mmol/L。

2.诊断要点

典型病例多发于产后的 1 ~ 3d。前期表现为精神沉郁或兴奋，全身肌肉震颤，站立不稳，后躯摇晃。前期症状出现不久，瘫痪症状即开始出现。而非典型病例多发生在产前及分娩后较长时间内。主要症状是病畜伏卧，颈部呈"S"状弯曲，勉强能够站立，行动困难，后躯不稳。

3.防治

一般的疗法是补充钙剂和对乳房送风。静脉补钙疗法：用5%葡萄糖氯化钙 750 ~ 1200mL，静脉注射（牛），效果良好。乳房送风法：补钙疗法无条件时，可应用此法进行救急。用乳房送风器连上乳导管送风，若无此设备可用普通打气筒。4个乳头均要打气，往乳房内打入适量气体后拔出乳导管，并用纱布条结扎乳头。一般经 1 ~ 2h 后，就可解下纱布条。大多数病例打气后 30min 内好转。此法有效，但易影响泌乳量，现已少用。除用上述疗法外，还应对症处置。在母牛分娩后的 3d 内，初乳不可挤得太净，目的是避免血钙排出过多而诱发本病。

二、产后截瘫

产后截瘫是产后母畜不能起立的一类症候群，主要见于牛、马、山羊。

1.病因

除了产前截瘫那些原因之外，难产及胎儿过大时，强行拉出胎儿可挫伤坐骨神经和闭孔神经（牛）或臀神经（马），引起母畜后肢不能站立。这些情况常发生在分娩过程中，但在产后才出现临床症状。

2. 诊断要点

患畜通常无全身症状，但不能站立，即使抬起病畜也不能站立，表现后躯无力。临床检查无髋关节及股胫关节脱位、骨盆骨折及腰椎扭伤等症状。

3. 防治

对难产引起的截瘫，可应用针灸法和药物穴位注射法，一般效果良好。针灸或电针百会、肾俞、巴山、小腊、大胯、汗沟及邪气等穴。对于大家畜，可于皮下或穴位处注射 5~10mL 0.2% 硝酸士的宁。应用上述方法的同时，再用糖皮质激素药物，肌内注射地塞米松 40~100mL。氢化可的松 0.2~0.5mg，加入 5% 葡萄糖静脉注射，能加速病程的恢复。另外，补充钙剂也有促进恢复的作用。如能勉强站立时，应在胸前及坐骨粗隆之下围绕其四肢，捆上一条粗绳，由数人在病牛两侧抬绳，只要牛的后肢能站立，就能把牛抬起来。应注意翻转牛体和垫草，预防发生褥疮。

三、产后败血症

产后败血症是指母畜产后或流产后因生殖损伤而致细菌侵入血液引起的全身感染。有的病例还可发生转移性化脓灶或脓肿，又称脓毒败血症。各种动物均可发生。

1. 病因

本病通常是由于难产、流产时胎儿腐败，产道、子宫受损伤感染，严重的化脓性子宫内膜炎、坏死性子宫内膜炎、乳房坏疽等所引起。多为化脓菌感染。

2. 诊断要点

病畜精神委顿，食欲不佳，体温突然升高，呈稽留热。患畜常有腹膜炎症状表现，腹壁紧缩。后期出现脱水症状（腹泻引起）。死亡前，患畜体温下降，不能站立。若及时治疗，多数能治愈，但常遗留慢性子宫感染或其他实质器官疾病。

3. 防治治疗

原则是及时处理原发病灶，抗菌消炎和增强机体抵抗力。对生殖器官的原发病灶，可按急性子宫内膜炎、阴道炎、乳房坏疽等处理。为了促进子宫内容物的排出，可注射子宫收缩剂，但切忌对子宫进行冲洗。给病畜应用大剂量抗生素或磺胺类药物。为了增强机体抵抗力，维持组织所必需的水分，促使血中有毒物质排出，可静脉输入葡萄糖生理盐水，3000~6000mL/次（马、牛）。为预防酸中毒，静注 5% 碳酸氢钠 1000~2000mL。另外，还需补充 B 族维生素、维生素 C、葡萄糖和钙剂等。

四、犬产后子痫

产后子痫亦叫产后抽搐症，是母犬分娩后的严重代谢性疾病，以倒地痉挛、抽搐、呼吸促迫为主要特征。常见于分娩后的小型、兴奋型犬。

1. 病因

本病的发病机制目前尚不清楚，但其发病的直接原因是分娩后血钙浓度急剧降低。健康犬的血钙浓度为 2.1～2.8mmol/L，如果母犬血钙浓度降至 1.75mmol/L 以下，就会发病。

2. 防治

首先应加强护理，保证呼吸道通畅，防止误咽。补充钙制剂：10%葡萄糖酸钙 5～20mL，缓慢静注。镇静解痉：经补钙后症状无明显缓解者，可应用戊巴比妥钠，20～30mg/kg 体重，静脉注射或腹腔内注射。其他疗法：母犬分娩后 24h 内保持与幼犬的隔离状态，给母犬日服乳酸钙 0.5～1g，维生素 D 0.25 万～0.5 万单位/次，应用 1～2 次。出现消化障碍时，可酌用健胃药。口服强的松龙 0.5mg/kg，每 12h 一次，直到断奶为止，可减少复发。

五、产后不食

1. 产后气血两虚不食

（1）病因

产后气血虚的主要原因是怀孕后期饲养管理不善、营养不足、劳役过度、体质虚弱，特别是生产时失血过多、哺乳量大等原因，造成母畜气血失调、营卫不和、腠理不密，机体抵抗力减弱，以及饮水食草不当，损伤脾胃，引起胃肠生理机能减退，水谷精微之气不能正常消化和输布全身，气血无生，阴阳亏损，气血两虚。

（2）症状

精神沉郁，行走无力，耳耷头低，喜卧厌动，毛焦廉吊，体质瘦弱，眼部或四肢轻度浮肿，口色淡白无光，大便时干时稀（其中含有未消化的草料），食欲大减或不食，有的极度消瘦，体温一般无明显变化。

（3）治疗

用当归、白芍、熟地、川芎补血养阴，党参、黄芪补气壮阳，白术、茯苓健脾补胃，加少量元桂以壮肾阳而增加血液循环，加甘草以补脾益气，调和诸药，增加药效。处方：当归 30g，白芍 30g，川芎 20g，熟地 30g，党参 30g，黄芪 30g，白术 20g，茯苓 30g，元桂 15g，甘草 15g，煎服。预防母畜怀孕后期加强饲养管理，适当减轻劳役。产前产后要增加精料，加喂人工盐和营养丰富容易消化的青干草或青绿多汁饲料，以满足母畜机体营养需要。加强护理，防止难产或失血过多。

2. 产后恶露不尽不食

（1）病因

母畜产后子宫内遗留有余血和浊液没有及时排出，造成子宫正虚，外邪乘虚而入，导致子宫收缩机能紊乱，气血运行失调，血瘀气滞，营卫不和，引起肠胃机能减退。

（2）症状

母畜产后1~2日内表现腹痛，不时努责，不断从阴道流出少量红色黏液，食欲减退或废绝，舌质暗红或浅红色，口色无光，口腔分泌量少而粘稠，排尿量少而次数增多，粪球先光滑后干燥，体温一般无明显变化。

（3）治疗

活血化瘀，温宫通血，消肿止痛，去瘀生新，增加子宫收缩力，加速恶露排出。处方：归尾45g，川芎30g，赤芍30g，红花30g，灵脂30g，桃仁30g，元胡30g，黑荆芥30g，益母草40g，丹皮20g，甘草10g，煎服，黄酒250mL为引。为预防继发感染，可肌肉或静脉注射抗生素等。

（4）预防

加强母畜产前的饲养管理，增加机体抵抗力。临产前后应搞好畜舍卫生和护理，注意防风保温，防止不良因素影响。

3. 产后消化不良不食

（1）病因

主要是母畜产后体质虚弱，气血不足，营卫失调，代谢机能衰退，胃肠消化和吸收功能下降，加之饲养管理不当引起胃肠消化功能紊乱，不能正常消化吸收和排泄而造成食欲减退或废绝。或因产前饲料过精，营养过剩，母畜较肥，分娩后母猪腹内突然空虚，腹压骤减，造成产后极度饥饿，立即采食大量食物，或吃凉食、饮冷水而致。

（2）症状

母畜精神沉郁，口腔分泌量少而干，舌红，舌苔微黄，多数粪便干小，少数稀薄（含有不消化的草料残渣），食欲减退或废绝，体温一般无明显变化。

（3）治疗

以调和营卫、健胃消食、调节胃肠机能为原则。处方：当归30g，川芎20g，白芍30g，寸冬30g，山楂90g，神曲30g，陈皮30g，砂仁20g，茯苓30g，甘草15g，煎服。

（4）预防

加强饲养管理，搞好饲草搭配，适当减轻劳役，保持正常体质。产前2~3个月要开始加喂精料，产后也要适当增加精料。

4. 饲料配方不合理引起的不食

（1）病因

日粮中缺钙或钙、磷比例不当，日照不足或缺乏运动时，维生素D原不能转变成维生素D，使血钙浓度降低，胃肠蠕动缓慢，造成产后厌食。

（2）症状

早期表现为食欲减退，不活泼，异嗜癖，喜卧地，害怕拥挤。中期动作僵硬拘谨，呈拱背姿势，后躯摇摆，有的出现跛行，四肢软弱无力、疼痛，饮食减少，经常卧地。随病情的发展，症状更加明显，四肢逐渐变形，表现为四肢关节肿胀，触有痛感，病程较久者出现肌肉萎缩，严重消瘦，生长明显受阻，两腿无力，步态不稳，呈现严重跛行。

（3）治疗

出现缺钙症状要及时防治。较严重病例，每50kg体重用葡萄糖酸钙3g，静注，每天1次，2~3次即可痊愈。中前期及轻症病例，每50kg体重服葡萄糖酸钙片2g，每天2次，连服3~4天即可缓解病症。

（4）预防

加强饲养管理，增加运动，补充光照，促进钙磷吸收；饲喂一些含钙多的饲料、青草，添加含钙添加剂可对本病起到预防作用，如鱼粉、骨粉等。

六、母猪常见产科病的诊断与预防

1. 难产

相对于其他家禽家畜来说，母猪的难产的几率相对比较低，主要有生产能力弱、生产通道窄和胎儿有异样三种类型。

判断要点：负责管理的员工能够准确的掌握生产时的辅助生产、剪断脐带和对脐带的杀菌消毒的基本技术。如果在生产能力正常、阴部门道松紧正常的状况下，生产不能顺利时就很有可能发生生产困难，较多的情况是腹中的猪仔有异样。要按照标准的消毒程序后方可进行手进生产通道进行进一步的诊断。如果是因为生产能力弱应该进行在垂体后进行肌肉注射催产素，每个小时进行一次，连续注射2~3次，每次用量10~20U即可。切忌用量过大，尤其是子宫还没完全扩张时一定不要使用。这时应该使用润滑剂进行通道注入，以摆正胎体利于生产。对于姿势异常的胎体，要在母猪阵痛间歇时进行摆正。胎体较大时，可以用手直接或者使用产科绳子朝后抻出。较多的难产是发生在生产的前2个胎儿，能采取合理的辅助措施都可以顺利生产。倘若实在不能进行顺产，可进行剖腹生产。

2. 生产后缺少母乳

指母猪生产几日后没有乳汁或者乳汁不够哺乳。判断要点：经常看见生产的小猪多次吃奶、总是追随母猪，还伴有饥饿的叫声，嘴巴咬着乳头不放，并有拉稀和死亡的出现。很多时候生产后的母猪食欲、精神状态和身体温度都比较正常，母乳在表面上看起来也无异样，只是乳汁分泌较少。对缺少乳汁的母猪进行营养添加催乳。可以使用催乳灵直接药物作用或者将河虾、小鱼煎制饮汤服用。在者就是在饲料中添加营养催乳的药剂。如果担心未生产的母猪缺乳，在生产之前可进行药物注射。

3. 胎体流失

在怀孕阶段母猪还没生产之前胎儿的流失，也叫滑胎。根据发生在胎儿身上的数量可分为完全流产和不完全流产。要是胎儿提前出生并有生命能力这时称之为提早生产。判断要点：导致母猪胎体流失有很多原因，例如因为某些传染性而引起的群体流产（猪瘟疫）、寄生虫寄住引起性状病变、饲料被霉菌污染引发中毒、营养缺失和不利的生存环境恶化等等。很少出现流产时胎体在母猪体内产生自溶或者腐烂现象的发生，多数是死胎通过排便时随之排出体外。要对猪舍进行定期的卫生清理，及时检查有无传染性的疾病、寄生虫的寄生。一旦及时发现立即采取防疫措施，采用适量的疫苗进行保护。猪群居住的环境卫生应该通风良好、透光率好、干湿度适宜、避免温度过高等。所选用的饲料应该是顶级的生产产品，不要出现有害物质。为了减少滑胎情况的出现，可对母猪进行药物预防。

4. 胎盘滞留

母猪生产后，一般经过半个小时左右就会将体内的胎衣排出体外，如果时间过长还没有排出就很有可能是胎衣不下。判断要点：母猪生产时工作人员应该仔细检查好胎盘是不是与所出生的小猪一致，大多数情况下胎盘不下不易被发现。要是其在体内停止时间过长的话，就会引起母猪的子宫出现内膜炎，这样就会影响母猪的机能体质。对怀孕的母猪要进行精心的喂养，对其进行适量的运动训练，这样温柔的体力活动对于顺利生产有很大的促进作用。处理胎盘不下的母猪可进行药物分解，这样极大程度的避免了母猪身体不适。

5. 生产后母猪瘫痪

常常发生在生产后几小时内或者近几天的时间内由于机体营养不良。主要是钙的缺失。判断要点：产后的母猪身体左右晃动、站立不稳、走起来摇摇晃晃、饭量大大减少、排便困难、精神萎靡不振等都是瘫痪的表现。肢体瘫痪主要是由于机体缺钙。所以平时在猪的饲料中要注意钙质的添加，例如骨粉、碳酸钙、食用盐、米糠、麸皮等。同时要多喂养一些绿色的辅食，能大大减少瘫痪的发生。如果瘫痪比较严重，就要进行静脉注射氯化钙、葡萄糖酸钙、糖盐水等。根据程度合理注射以缓解病情。

第四节 公畜科疾病诊断

一、包茎

包皮口异常狭窄，妨碍阴茎的伸出即为包茎。多见于牛，其次为马，其他家畜较少见。

1. 病因

（1）阴茎外伤、水肿使其体积增大而不能回缩到包皮囊内。犬阴茎骨骨折后伴发本病。

（2）包皮口狭窄。有两种情况：一种是先天性的包皮口狭小；另一种是慢性包皮炎、增生导致包皮口狭小。交配时勃起不完全的阴茎伸出包皮口外，当阴茎完全勃起后不能回缩到包皮囊内而发生淤血性水肿。

（3）管理不当。频繁配种、频繁交配、频繁采精后阴茎不能回缩到包皮囊内。第四，龟头新生物或肿瘤也可发生本病。

2. 症状

动物不时回视腹部。龟头、阴茎脱出无力地垂脱于包皮口之外，脱出部分因淤血而发生水肿或因外伤感染而发生炎性肿胀，颜色呈暗红色，有热痛、外伤性可见伤口，阴茎常被草、粪、尿、泥、沙等污染，显得污秽不堪。包皮的内层移行到阴茎体外形成一环行肿胀，环行沟内有黄白色的分泌物。若时间过长嵌顿部位会出现阴茎麻痹、痛觉下降甚至消失，肿胀处用针刺无痛觉，严重的会引起龟头、阴茎出现坏死灶，甚至出现大面积的坏死、坏疽和尿道阻塞，出现臭味，表现排尿困难，甚至出现尿闭。

3. 诊断

本病临床症状典型易于确诊，注意与先天性阴茎骨畸形、阴茎缩肌麻痹、阴茎异常勃起和先天性包皮过短相区别。

4. 治疗

（1）阴茎还纳治疗

先用0.5%高锰酸钾溶液清洗消毒，然后再用生理盐水冲洗。为了促使消肿，可在阴茎的表面撒上适量明矾粉后，用纱布包上轻轻反复揉搓促进消肿，数分钟后脱出的阴茎会逐渐消肿变软缩小，也可用浸泡过20%硫酸镁溶液的纱布包扎患部进行冷敷或冷浴。阴茎肿胀消除后涂上液体石蜡和抗生素软膏将阴茎缓慢还纳到包皮腔内。为防止再脱出可在整复结束后，缝合包皮口1或2针。对于消肿后仍然不能整复的，可行包皮口切开手术，切开包皮口还纳脱出的阴茎。要特别注意控制感染，防止粘连。

（2）阴茎截除术

适用于阴茎已出现严重坏死。

保定与麻醉：中小动物可采用仰卧保定，大动物侧卧保定。全身镇静加硬膜外腔麻醉或阴部内神经传导麻醉。

术式：手术由两部分组成，即尿道造口术和阴茎截断术。术部剪毛，将脱出的阴茎向外拉直，先用0.5%高锰酸钾溶液清洗消毒，然后再用生理盐水冲洗，确定尿道造口部位，要位于健康的阴茎组织，然后按手术要求消毒、隔离。先绕阴茎周缘切除过多的部分包皮，注意不要切除太多，再插入导尿管。在阴茎预定切口上端做临时性结扎止血，沿阴茎腹侧正中线依次纵行切开白膜、尿道海绵体、尿道黏膜，长约3cm，再在阴道切口的远端切除阴茎坏死的部分。注意不要垂直切，要切成凹面，适量保留阴茎两侧和背侧的白膜。然后用可吸收缝线结节缝合白膜，尽可能使海绵体被白膜包住。解除临时性结扎线，将尿道黏膜边缘与同侧皮肤切口边缘用丝线结节缝合，造成人工尿道开口，再结节缝合其余的包皮。注意包皮要展平并保持一定的紧张性，最后整理皮缘外翻并消毒。犬阴茎软骨处发生坏死，则需截除阴茎软骨，并在会阴部或阴囊前做人工尿道造口。

护理：术后每天用抗生素生理盐水冲洗创口，并涂抹抗生素软膏，直到创口愈合；连续注射抗生素 2～3 周，防止尿道感染；术后 10d 拆除造口部及皮肤缝线。

二、包皮龟头炎

1. 病因

阴茎龟头炎和包皮炎可单独发生，但通常同时伴发。多因包皮内皮脂蓄积、硬结而刺激包皮及龟头发炎，或因躺卧在有粪尿的厩床上，包皮和阴茎受浸渍而引起。

2. 诊断要点

包皮内常存有暗灰色片状或较厚的垢块，坚硬如石，患部有热痛。排尿时，阴茎不敢向外伸出，尿流不整齐，有时可呈喷洒样流出。重者排尿困难，包皮口高度肿胀，甚至于包皮内形成溃疡。

3. 治疗

首先要除去病因，喜卧地的病畜，要保持厩床和褥草清洁和干燥，防止继续浸渍患部。对患部要彻底清除污垢，可用 0.1% 新洁尔灭、0.01% 呋喃西林液、5% 碳酸氢钠溶液、0.2% 高锰酸钾液清洗患部。若有溃疡时，可涂布龙胆紫和氧化锌软膏。有时由于炎症发生，包皮鞘开口狭窄，这时必须将其开口扩大，即在包皮鞘腹面的皮肤上做一个底朝前的三角形切口，达包皮黏膜为止。移去皮肤后，再在中线黏膜上做一直行切口，然后将每边的黏膜分别与同边的皮肤做结节缝合。最后撒布碘仿磺胺粉。

三、阴茎麻痹

1. 病因

阴茎麻痹是阴部神经及阴茎退缩肌等的机能障碍。当阴部神经和阴茎退缩肌受挫伤、阴茎冻伤、嵌顿性包茎以及隐睾阉割后，容易发生本病；动物过度劳累、久病衰弱、消瘦和老龄动物，可出现一时性阴茎麻痹；在胸腰椎与荐椎骨折、脊髓损伤、饲料中毒、重度腹痛以及麻痹性红蛋白尿病等经过中，常出现症候性阴茎麻痹。本病多见于马属动物，牛有时发生。老龄瘦弱的马、骡发病较多，寒冷地区多因冻伤而致麻痹。

2. 诊断要点

阴茎弛缓无力、下垂，伸缩性显著减退或消失，不能缩回包皮囊内。人为地将其还纳于包皮囊内，立即又脱出。脱出的阴茎痛觉减退或消失，触压及针刺反应轻微或无反应。阴茎长期脱出，易受外伤和冻伤，出现炎症反应，肿胀常波及到包皮囊、阴囊及下腹壁。阴茎体长期脱垂、淤血，常发生溃疡和坏死。对新发生的阴茎麻痹，可装提举绷带并用20%硫酸镁溶液温敷，以防止外伤性淤血。如有外伤，可选用20%硫酸镁溶液、0.1%高锰酸钾液温敷。对继发于其他疾病过程中的阴茎麻痹，要及时治疗原发病。对阴茎神经和肌肉损伤而引起的阴茎麻痹，可选用士的宁、樟脑油、维生素B等，于神经经路上注射，也可火针八窌穴或电针百会穴。久治无效时可行阴茎截断术。

四、犬阴茎骨骨折

1. 病因

犬在交配、跳越障碍时，有时可造成阴茎骨骨折。往往由于未及时发现，常转为陈旧性的疾病。本病易与风湿病、肾炎、尿路结石及腰肌损伤等疾病相混淆，故应及时鉴别和治疗。

2. 诊断要点

犬在站立时，背腰弓起，两后肢外展，行走时，运步缓慢，严重弓背，随运动加快而症状加重。排尿时，时排时断，尿不连续，阴囊肿胀。触诊时，阴茎肿胀较坚实，热痛明显。背腰肌肉紧张，凹腰反应阳性。阴茎部行X线检查时，可发现骨折部，即可诊断。患病初期，肿胀部应用0.01%呋喃西林液或0.1%高锰酸钾液温敷，也可涂敷复方醋酸铅散。如有条件时，可行红外线照射，必要时可全身应用抗生素和尿路消毒药物。

五、睾丸炎

1. 病因

睾丸炎是睾丸实质的炎症，因睾丸的炎症常波及附睾，因此二者往往同时发病。根据病程和病性，临床上可分为急性和慢性、非化脓性和化脓性睾丸炎。当睾丸受到挫伤和挤压伤时，可引起发病。也可继发于鼻疽、腺疫、副伤寒、媾疫、血斑病等经过中。一般由外伤引起的，多为一侧性，而继发于传染病或其他疾病的，多为两侧性。

2. 诊断要点

急性睾丸炎，犬站立时两后肢开张，运动时两后肢运步缓慢并外展。睾丸实质肿胀，触诊时，温度升高、疼痛并较硬固，阴囊皮肤呈炎性浸润，压诊时有指压痕。慢性睾丸炎，睾丸实质坚硬，温热，疼痛不明显，睾丸与鞘膜常愈着，后肢运步缓慢。

3. 治疗

对急性无菌性睾丸炎，可选用高渗中性盐溶液、酒精等湿敷，或用复方醋酸铅散涂布。

对化脓性睾丸炎可行去势术。对慢性睾丸炎，可涂布10%樟脑软膏，也可用红外线照射。由其他疾病引起的，除局部治疗外，要针对原发病进行治疗。全身治疗可选用抗生素、碳酸氢钠等。

第五节 家禽主要产科病诊断

一、出产母鸡的疾病诊断与防治

初产母鸡病是近几年来我国蛋鸡生产中最为突出的条件病之一，给养鸡业带来很大损失。本病是未开产母鸡向开产期过渡时最易发生的疾病。该病各季均能发生，冬夏尤为严重。初产母鸡，由于对各种营养物质，特别是钙、磷和必需氨基酸的需求量大大增加，而其自身生理机能发生重大改变，产蛋过程是很大的应激，给鸡体造成一系列不良反应，如瘫痪、腹泻等，此时免疫力低下，很容易感染大肠杆菌和霍乱等疾病而引起鸡只的死亡。死亡鸡只往往在体内有1个成形蛋，泄殖腔外翻，腺胃壁变薄，甚至穿孔，肠黏膜脱落。

1. 临床症状

急性病鸡往往在夜间突然发病、死亡，发病后大群精神状态良好，采食量、饮水量基本正常，产蛋量及肠道均正常。初期发病率高，此后一直有病鸡出现，病程可达数星期，高产鸡群发病率也高。死鸡冠尖发紫，冠根发白，肛门外翻，腿伸向后方，体重体况很好。输卵管内有时存有1个软壳或硬壳蛋。慢性病鸡体温升高，精神沉郁、排白色或水样稀便、恶臭，肛门附近羽毛被玷污，有时排蛋清样粪便。患鸡脱水，可见皮肤干燥、皱缩，眼睛下陷。肌肉神经麻痹导致瘫痪或偏瘫。肛门常有1个成型蛋，挤出后可转动。鸡群的产蛋量上升缓慢或停止不前。

2. 剖检病变

剖检可见气管出血，嗉囊扩张，内含多量刚食入的食物。腺胃变薄变软，溃疡或穿孔，腺胃乳头流出红褐色液体，黏膜上有血水样脓液渗出物，肌胃内含有发酵饲料。肺脏淤血。肝脏呈土黄色，质脆，边上有血块或有灰白色坏死灶或坏死点。胰脏变形坏死，或呈黄白相间状；肾脏时有淤血、肿大，有白色尿酸盐沉积。肠黏膜脱落，肠壁变薄，卡他性肠炎，有时有粘液栓塞物。盲肠发黑或者充气。卵黄膜充血，输卵管内常存有软壳或硬壳蛋。输尿管内有尿酸盐阻塞，直肠后端积有大量白色粪便。

3. 病因分析

血氧含量太低，夏季鸡舍通风不良，舍外与舍内温差小而导致血氧含量太低。呼吸性碱中毒，因为鸡没有汗腺只能靠呼吸散热，此时造成二氧化碳流失，导致pH值上升，从而引起碱性偏高中毒。血液粘稠度增高，晚上鸡只照常要排尿散热，而夜间关灯后因为看不到饮水，导致血液中水分迅速减少而粘稠，最后心力衰竭而死。营养不足，主要是饲料配方不合理和采食量减少所致，长时间的稀便导致肠黏膜脱落，因此肠道吸收率大减，导致营养跟不上。热应激造成体温升高，由于新母鸡羽毛丰厚，晚间活动量减少，热量不易散出，凌晨1~2时为死亡高峰。前期若误诊为热死的，饮用了大量的小苏打，本身此病就是呼吸性碱中毒，又大量饮小苏打（碱性的）会加速死亡。

4. 防治措施

针对本病发生的机理采取相应的治疗措施。首先根据当时机体对营养的需求调整饲料营养比例，如提高蛋白质和钙磷含量，来满足机体对营养的生理需求和生产需求。然后，使用抗菌药物防止机体在生理性过渡期感染大肠杆菌和沙门氏菌等疾病。晚上11~12时开灯1小时，加水加料并增加鸡群活动量，及时挑出病鸡。饮水中加入营养保健药，增加血氧含水量、中和体内碱性、刺激鸡群的采食饮水量、降低体温和缓解热应激。饲料中添加琥珀酸，按每kg体重50mL的剂量饲喂15天左右。也可在饲料中添加1%植物油。

二、家禽开产后的拉稀综合症病因分析与防治

鸡开产后发生持续性拉稀，往往造成鸡只生长发育受阻，影响健康；产蛋高峰上升慢或无高峰期；也往往造成垫料潮湿或禽舍内水样积粪，给饲养管理带来不便，综合以上分析，该病的发生提高了饲养成本，降低了生产效益。

1. 原因

（1）应激因素

1）内在性的因素：鸡开产后，体重快速增加，鸡只卵巢、输卵管等有关组织的发育发生急剧变化。这一系列的变化造成自身应激很大。

2）外在性的因素：换料、免疫、光照、温度、湿度以及天气变化都会造成一系列的应激反应。

（2）饲料因素

1）饲料中蛋白质的突然增加。

2）饲料中钙、磷等矿物质的突然增加。饲料中蛋白质、钙、磷等矿物质的突然增加，会导致鸡的应激反应和胃肠道负担过重，引起胃肠黏膜受面也会加重对肾脏的负担而出现拉稀。

（3）开产因素

开产会引起许多矛盾，如生长与生殖的矛盾，营养需求量增加与采食量不足的矛盾，输卵管发育迟缓与初产过大的矛盾，初产鸡噪音大与开产需求安静环境的矛盾，激素分泌

调整与内环境平衡的矛盾等。这些矛盾的存在严重扰乱机体免疫系统功能，造成机体抵抗力降低，易受病原微生物的侵袭而发病。

（4）疾病因素

1）大肠杆菌病：尤其是大肠杆菌病引起的肠炎，更加重了拉稀现象，并且有零星死亡的鸡。

2）肾炎：由于出现拉稀，过量使用药物或长期应用药物，从而造成开产鸡肾脏负担，出现肾肿、肾炎症状，导致拉稀更加严重。

2. 发病特点

发病日龄：主要以 130～200 日龄鸡多发。

发病季节：一年四季均可发生，尤其夏季最为严重。

3. 主要症状

产蛋鸡群从开产到高峰期一直有腹泻现象，表现为水泻或粪便稀泻。拉稀现象久治不愈；或仅在用药期症状有所缓解，停药后症状复发，疗效不明显；用药时间过长反而会加重病情。产蛋率上升缓慢或无产蛋高峰，蛋重小，蛋壳颜色浅。鸡群中经常出现由于拉稀体弱发病的鸡只，严重时衰竭死亡。肛门处羽毛被稀便沾污，脏湿严重。

4. 病理变化

肠道内充满液体和气体，肠壁变薄，肠黏膜脱落等。肝脏颜色变浅，有的肝表面有坏死灶。肾脏肿大、苍白，肾小管和输尿管有白色尿酸盐沉积。容易继发大肠杆菌病或心包炎、肝周炎、溃疡性肠炎等症状。五预防措施鸡开产后尽量减少各种应激，如缓慢更换饲料；根据体重、发育状况掌握好给料量；增加光照采用渐进式，从而控制好开产日龄；在饲料或饮水过程中多增加一些复方维生素。

药物治疗时，可用新痢停或金刚剑，也可用肠尔泰等中药。药量按各自说明，连用 4 天。肾炎严重时可配合使用肾舒康，每天一次，连用 4 天。病症顽固的，可停药后使用微生态制剂，如益生素等。总之，对刚开产鸡一旦出现拉稀现象，我们应对疾病病因、饲养管理情况、外界条件等综合方面进行分析，采取恰当的措施。

三、蛋鸡产后瘫痪的防治

初产的蛋鸡，在营养不足、光照时间过长、气温较高的条件下极易发生瘫痪，主要原因是体能消耗过大，雏鸡适应环境的能力比较弱，还与日粮中钙含量低，钙磷比例含量失调，维生素 D3 缺失，鸡群运动不足等关系极大。

1. 病因分析

（1）日粮中钙含量低，蛋鸡开产前 2 周，钙质吸收较旺盛。而一旦钙补充不足，很容易导致骨骼发育不良，而诱发此病的发生。

（2）钙磷比例含量失调，钙磷是决定蛋壳脆性和弹性的矿物质元素。而假设两种元素缺失，将直接影响蛋壳的形成，影响钙质在骨骼中的沉积，最终将诱发钙磷代谢障碍，而诱发此病的发生。

（3）维生素 D3 缺失，将影响肠道对钙磷的吸收，导致钙磷血液中含磷降低，久而久之钙质不能在骨骼中沉积，易诱发骨障碍，而诱发此病的发生。

（4）鸡群运动不足，蛋鸡运动不足，肌肉兴奋性低，很容易导致肌肉松弛、钙磷代谢减缓，而导致骨质疏松。病情较严重时，可导致瘫痪发病。

2. 发病机理

蛋鸡发生瘫痪后，其输卵管阴道部出现炎症，黏膜发生水肿，当体内形成的蛋运行到达这个发炎部位时，由于该处收缩无力，导致蛋在该处无法正常排下，宿留蛋就会压迫神经致使后肢发生麻痹，尤其是蛋鸡产第一枚蛋时，一般需要使用全身的力气，如果蛋无法顺利产出，会导致蛋宿留部位长期受到压迫，繁殖大量的细菌，从而造成周围组织发生坏死，使其被迫长期蹲伏于地上，造成腿部神经发生麻痹，从而加重全身症状，最终导致快速死亡。

3. 临床症状

初产蛋鸡比较容易发生，初期鸡群中每天或隔天早晨发现有 1～2 只蛋鸡发生瘫痪或者在笼内死亡，而白天鸡群精神状态、食欲、饮水都很正常。但当产蛋率逐渐升高时，某段时间内发现病鸡数量明显增多，但之后逐渐减少，在产蛋率在 60% 左右时逐渐停止发病。病鸡呈急性发病时，没有表现出任何症状就突然发生死亡，且产蛋率越高的蛋鸡死亡率越高。病鸡呈慢性发病时，初产薄壳蛋、软壳蛋，且鸡蛋的破损率明显增加，但蛋鸡精神、食欲以及羽毛都没有明显变化。随着病程的进展，病鸡表现出爪弯曲，站立困难，运动失调。如果病鸡能够及时发现，并立即采取有效的治疗措施，基本能够在 3～5d 后恢复正常，否则症状会不断加剧，最后变成跛足，无法站立，肋骨容易断裂，胸骨凹陷，发生瘫痪，且排出黄绿色或黄白色糊状稀粪。触摸病鸡的腹腔，会发现有一个待产蛋。

4. 预防措施

（1）日粮中增加钙磷含量

预防蛋鸡产后瘫痪，在开产前 1 周，饲料中预先另加 3% 贝壳粉，确保每日钙含量维持在 3% 以上。而且，随产蛋量的增加，钙磷比例含量同样酌情增加。产蛋率达 70～80% 时，钙含量应维持在 3.75%，磷含量不能低于 0.8～0.9%。钙磷比例，在 3∶1～5∶1 之间，预防此病效果俱佳。

（2）尽可能促进鸡只运动

适量运动，能增加骨密度和硬度。由此，建议增加饲喂次数，控制饲喂密度，缩短光照时间，饲喂人员有规律的巡查等等，有效刺激鸡群活动，降低此病感染几率。

（3）注意改善鸡群管理

光照时间应该得到保障，每天在12~14h。同时，额外增加1~2h的自然光，能更好促使皮肤中脱氢胆固醇向维生素D_3的转变，促进体内钙磷代谢。加强喂料管理，适量加维生素A、D制剂。做好各种防应激准备，冬季注意保暖通风，夏季注意防暑降温。冬季蛋鸡管理中，日粮中适量添加0.2%的辣椒粉，能增强鸡体御寒能力，增加采食量，同时降低鸡只发病概率。

（4）适量增加维生素D_3的补充

维生素D_3，对机体钙磷代谢影响很大。同时，为产蛋和成骨的重要组成部分。由此，蛋鸡进入产蛋高峰期，饲料中建议酌情增加维生素D_3的添加量。一般情况下，至少应维持蛋鸡维生素D_3的需求水平在1500~2500国际单位即可。

5. 治疗措施

发现有产后瘫痪症状，务必及早用药，避免延误疫情得不偿失。用0.2~0.5%鱼肝油，饲料中适量添加，每天2~3次，连续用3~5d。或，用牡蛎黄芪散，配方：龙骨、五味子，各取15g；菟丝子、女贞子、山药、枸杞，各取30g；黄芪，取50g；牡蛎，取60g，上述研磨成粉，即可入药。通常情况下，拌料喂服效果好些。上述为一天2次用量，每次取半份拌料均匀，加50%的常水拌湿，饲喂，每天2次，连续用1周。喂完后，自由饮水，效果较好。病情较严重病鸡，可用维丁胶性钙注射液，每次2mL；维生素C，每次2mL；维生素B_{12}，每次1mL，上述肌肉注射，每天2次，连续用3~4d。同时，注意病鸡补液，每天2~3次，连续用2~3d，效果更好些。康复治疗病鸡，早期暂时地面饲喂，注意补充日光浴。同时，用维生素D_3，肌肉注射，每次1500国际单位，每天2次，连续用2~3d。待康复后，回笼饲喂。

参考文献

[1] 陈浩.肉鸡感染新城疫病毒的诊断[J].甘肃畜牧兽医，2016，46（13）：43，47.

[2] 冯芳萍.鸡新城疫病毒的分离和鉴定[J].甘肃畜牧兽医，2016，46（21）：95，99.

[3] 李继成.非典型性鸡新城疫的流行与综合诊治[J].现代农业研究，2018（1）：53-54.

[4] 赵华.简论家畜养殖中加强饲养管理及强化疫病防控之关键措施[J].中兽医学杂志，2019（04）：96-97.

[5] 张立红.家畜养殖对环境产生污染的原因及防治措施[J].吉林农业，2018（23）：82.

[6] 李晓晗.常见羊病的治疗及预防对策[J].农家科技（下旬刊），2016，（11）：176.

[7] 韦海宇.健康养殖技术对肉羊疾病防控效果观察[J].中兽医医药杂质，2016，35（03）：71-73.

[8] 周辉.浅谈羊的疾病预防控制[J].农民致富之友，2015，（2）：286.

[9] 苏瑜靖.笼养蛋鸡健康养殖技术研究的现状与发展趋势[J].农家参谋.2018（07）

[10] 闻雪梅.我国蛋鸡集约化养殖集成技术与发展趋势分析[J].中国畜牧兽医文摘.2016（02）[11] 洪春风.蛋鸡健康养殖在我国的发展前景分析[J].中国畜禽种业.2015（04）

[12] 于友.笼养蛋鸡健康养殖技术研究的现状与发展趋势[J].养殖技术顾问.2014（12）

[13] 马国平.家禽疾病发生特点及治疗方法[J].当代畜牧，2016，11：69.

[14] 李华.浅析家禽的疾病发生特点及治疗方法[J].农民致富之友，2014，02：250-251.

[15] 孙俊，徐斌.论中国蛋鸡健康养殖技术的发展趋势[J].中国农学通报，2013(2)：7-8.

[16] 张元峻.做好秋冬季动物疫病防控工作的措施[J].山东畜牧兽医，2013（1）：62.

[17] 王桂朝.畜禽健康养殖与生态安全-记中国畜牧兽医学会家畜生态学分会第七届全国代表大会暨学术研讨会[J].中国家禽，2008，30（16）：55-58.

[18] 孙俊，徐斌.论中国蛋鸡健康养殖技术的发展趋势[J].中国农学通报，2013(2)：7-8.

[19] 黄藏宇，李永明，徐子伟.舍内气态及气载有害物质对猪群健康的影响及其控制技术[J].家畜生态学报，2012，33（2）：82-84.

[20] 陈玉琪. 牛的科学饲养及疾病预防 [J]. 当代畜禽养殖业, 2014, 07: 12.

[21] 农华忠. 牛的科学饲养及疾病预防 [J]. 南方农业, 2016, 09: 195-196.

[22] 杜林杰. 牛常见呼吸道疾病的预防与治疗 [J]. 当代畜牧, 2016, 29: 89.

[23] 陈立. 对牛疾病难治的思考 [J]. 畜牧兽医科技信息, 2017, (03): 80.

[24] 祁世新. 舍饲牛如何防控疾病 [J]. 畜牧兽医科技信息, 2014, (11): 77.

[25] 穆飙. 山羊同期发情和定时人工授精技术研究 [D]. 重庆: 西南大学, 2011.

[26] 张居农, 汤孝禄, 刘振国, 等. 绵羊反季节繁殖的技术研究 [J]. 黑龙江畜牧兽医, 2003 (6): 23.

[27] 余文莉, 李树静, 张立, 等. 绵羊胚胎移植技术在内蒙古的研究和应用 [J]. 畜牧兽医学报, 1999 (2): 110.

[28] 黄萌亚. 绵羊养殖管理五招 [J]. 农家科技, 2011 (12): 36-36.

[29] 杨红卫. 绵羊同期发情技术研究 [D]. 兰州: 甘肃农业大学, 2004.

[30] 高光远. 猪场管理问题产生的猪疾病及防治措施 [J]. 农技服务, 2017, 34 (15): 115.

[31] 占纯华. 浅析近年来常见猪疾病的预防和治疗 [J]. 农技服务, 2016, 33 (10): 118.

[32] 刘丙兴, 王刚. 浅谈猪丹毒病的检疫要点及防控对策 [J]. 中国畜禽种业, 2014 (1)

[33] 孙宝发, 李芳萍, 李春东, 等. 猪群猪丹毒病的防治 [J]. 当代畜禽养殖业, 2015 (7).

[34] 李玉莹. 猪蓝耳病及混合感染诊断与防治方法 [J]. 中国畜禽种业, 2018, 14 (5): 105.

[35] 庞春峰. 高致病性猪蓝耳病的临床诊断与防治分析 [J]. 农民致富之友, 2017 (8): 235.

[36] 陈小平. 猪蓝耳病混染症的诊断和防治措施 [J]. 中国畜牧兽医文摘, 2015, 31 (7): 198.

[37] 钱慧, 程广凤, 戴广峰. 猪蓝耳病及混合感染的诊断与防治措施 [J]. 中国畜牧兽医文摘, 2015, 31 (1): 120-121.

[38] 汤国祥, 傅童生. 一例猪瘟和猪蓝耳病混合感染诊断和防治措施 [J]. 湖南畜牧兽医, 2010 (3): 26-28.

[39] 张苏强, 林炜明, 戴爱玲, 等. 某规模化猪场母猪猪瘟抗体和病原检测与分析 [J]. 福建畜牧兽医, 2014, 36 (1): 1-3.

[40] 段正赢, 周志忠, 周丹娜, 等. 猪瘟疫苗免疫抗体检测与分析 [J]. 养猪, 2018 (4): 105-106.

[41] 王宏宇, 马梓承, 孟凡亮, 等. 2017 年山东省猪瘟病毒病原及抗体检测与分析 [J].

养猪，2018（3）：107-108.

[42] 王娟萍，孟帆，姚敬明，等.种猪场猪瘟净化试验[J].山西农业科学，2016，44(4)：524-527.

[43] 郭锐，田永祥，周丹娜，等.湖北地区猪瘟病毒流行株E2基因的序列测定与分析[J].养猪，2018（4）：97-99.

[44] 修金生，吴顺意，周伦江，等.淘汰猪瘟抗体不合格种猪对母猪繁殖性能和仔猪生长性能的影响研究[J].中国农学通报，2010，26（20）：1-6.

[45] 李永霞.畜禽养殖场环境污染的现状与治理技术[J].兽医导刊，2017.

[46] 李戈.畜牧养殖对环境污染的现状及治理[J].畜牧兽医科技信息.2018（11）.

[47] 牛延辉.畜牧养殖中环境污染治理对策[J].中国畜禽种业.2018（04）.

[48] 彭卓华.对畜禽养殖粪污资源化利用的思考[J].农家致富顾问，2018（16）：131.

[49] 刘刻.对畜禽养殖粪污资源化利用的思考[J].畜牧兽医科学(电子版)，2018(17)：24-25.

[50] 刘永强.一起牛炭疽疫情的防控及体会[J].甘肃畜牧兽医，2013，2（4）：191-192.